天津北大港湿地自然保护区科学考察与研究

张征云　江文渊　张彦敏　李　莉　编著

U0218447

天津大学出版社
TIANJIN UNIVERSITY PRESS

图书在版编目（ＣＩＰ）数据

天津北大港湿地自然保护区科学考察与研究 / 张征
云等著. —天津:天津大学出版社, 2020.8
ISBN 978-7-5618-6740-2

Ⅰ.①天… Ⅱ.①张… Ⅲ.①沼泽化地－自然保护区
－科学考察－天津 Ⅳ.①S759.992.21

中国版本图书馆CIP数据核字(2020)第146363号

出版发行	天津大学出版社
地　　址	天津市卫津路92号天津大学内(邮编:300072)
电　　话	发行部:022-27403647
网　　址	www.tjupress.com.cn
印　　刷	廊坊市海涛印刷有限公司
经　　销	全国各地新华书店
开　　本	185mm×260mm
印　　张	7.25
字　　数	175千
版　　次	2020年8月第1版
印　　次	2020年8月第1次
定　　价	49.00元

编 委 会

目　　录

附录 ··· 71

第 1 章　总论

1.1　天津市湿地基本概况及其在生态系统中的重要作用

1.1.1　天津市湿地资源的基本概况

据天津市林业局、环保局调查结果表明:天津市湿地总面积为 3 518.343 1 km²,占全市陆地面积的 29.52%。湿地类型分属二大类九种类型,其中天然湿地面积为 367.383 7 km²,人工湿地面积为 3 150.959 3 km²,分别占天津国土总面积的 3.08% 和 26.43%。在天然湿地中,河流湿地面积最大,占天津湿地总面积的 4.8%;其次是湖泊湿地和水库湿地,其面积占天津湿地总面积的 11.25%。河流湿地、滩涂湿地与湖泊湿地构成了天津天然湿地的主体。天然湿地是湿地生态环境保护的重点区域。

1.1.2　湿地在生态系统中的作用

湿地是地球上具有多种独特功能的生态系统,它不仅为人类提供大量食物、原料和水资源,而且在维持生态平衡、保持生物多样性和珍稀物种资源以及涵养水源、蓄洪防旱、降解污染、调节气候、补充地下水、控制土壤侵蚀等方面均起到重要作用。同时,湿地又是位于陆生生态系统和水生生态系统之间的过渡性地带,在土壤浸泡于水中的特定环境下,生长着很多湿地的特征植物。许多珍稀水禽的繁殖和迁徙也离不开湿地,因此湿地被称为"鸟类的乐园"。湿地具有强大的生态净化作用,因而又有"地球之肾"之称。

天津市湿地类型的多样性为大量物种的繁衍生存提供了宝贵的空间。根据调查和现有资料统计,天津市共有各类湿地动物约 600 种,主要包括哺乳类、鸟类、两栖类、爬行类、鱼类动物以及大型水生无脊椎动物、底栖动物、浮游动物等;有各类湿地植物 400 余种,主要包括盐生灌丛、高草湿地和低草湿地 3 个植被型、16 个群系。

1.2　天津北大港湿地自然保护区概况

1.2.1　北大港湿地的重要意义

天津北大港湿地自然保护区位于天津市滨海新区的南部,范围包括北大港水库、独流减河下游区域、钱圈水库、沙井子水库、李二湾及南侧用地、李二湾沿海滩涂等区域,总面积为 34 887 万 m²。其主要保护对象是湿地生态系统及其生物多样性,包括鸟类和其他野生动物、珍稀濒危物种等。

作为天津市最大的市级自然保护区,北大港湿地具有生物多样性丰富、生态系统完整的典型特征,国际湿地专家给出其0.996分(接近满分)的评价。该保护区的主要任务是保护北大港湿地生态系统的稳定性、完整性及物种生物多样性,保护对象是湿地自然资源和鸟类及其他珍稀濒危物种。保护区区位优越,生态类型独特,是东亚—澳大利西亚候鸟迁徙路线上的重要驿站,每年春秋两季途经此地的候鸟数量高达上百万只,候鸟种群数量约占全国鸟类种群的三分之一左右,属于我国生物多样性最丰富的地区之一。目前,该区域已成为京津冀周边城市生态系统的著名观鸟胜地,社会关注度极高,国内外影响力较大。保护区核心区北大港水库是引黄济津和南水北调东线工程的重要调蓄水库,也是天津市重要的备用水源地。北大港湿地在保障天津市生产、生活和生态方面发挥着重要功能,是天津市"一轴两带、南北生态"总体规划的重要组成部分。该区域在我国生物多样性保护中占有极其重要的地位,具有较高的科研和保护价值。

1.2.2　保护区建立的历史沿革

1999年,经原天津市大港区政府批准,天津北大港湿地区级自然保护区建立,面积达18 540万 m^2。

2001年,经天津市政府批准,本保护区升级为市级自然保护区,更名为天津北大港湿地自然保护区,面积为44 240万 m^2。

2002年4月,经原大港区人民政府批准,天津北大港湿地自然保护区管理办公室成立,为科级事业单位,由原大港区环保局管理。

2004年、2008年,保护区历经两次调整,将官港湖调出保护区,调入李二湾南侧生态用地,保护区面积调整为34 887万 m^2。

1.2.3　保护区的地理位置及功能区划分

1.保护区的地理位置

天津北大港湿地自然保护区位于天津市东南部,东临渤海,南与河北省黄骅市南大港湿地相接,是天津市面积最大的市级湿地自然保护区。保护区距天津市中心城区约27 km,距滨海新区核心区约25 km。

2.保护区范围

保护区地理范围在东经117° 11′ ~117° 37′和北纬38° 36′ ~38° 57′,东西宽约13.6 km,南北长约18.2 km。

3.保护区功能区划分

保护区总面积为34 887万 m^2,其中核心区面积为11 572万 m^2,缓冲区面积为9 196万 m^2,实验区面积为14 119万 m^2。

1.3 保护区社会经济发展概况

1.3.1 人口数量与民族组成

北大港湿地自然保护区周边有滨海新区 6 个街镇,分别为海滨街、太平镇、小王庄镇、大港街、中塘镇及古林街;有 60 个行政村分布,其中,中塘镇有 12 个村,小王庄镇有 20 个村,太平镇有 19 个村,海滨街有 6 个村,古林街有 3 个村。保护区内有回族、满族、蒙古族、朝鲜族等近 20 个少数民族。

1.3.2 周边社会经济发展概况

保护区紧临全国重要的石油石化产业基地,周边分布大量企业,在西北向有中沙(天津)石化有限公司、中国石化天津分公司;北向有大港海洋石化工业园区;东向有大港发电厂;南向有大港油田,陕气进津的储备库也在该区域内。由于历史遗留的土地权属问题,保护区内有种植和养殖行为。

1.4 综合考察的原则

天津市生态环境科学研究院对天津市北大港湿地进行了实地综合考察。本次综合考察遵循以下原则。

1. 科学性原则

自然保护区综合科学考察必须坚持严格的科学性,尽可能获取第一手实测数据,调查、分析、评价应实事求是。

2. 定量定位与定性定向相结合原则

数据收集以定量定位为主,对于无法定量定位获取的数据,可进行定性定向分析。

3. 重点与全面相结合原则

调查应以自然保护区最具代表性和典型性的区域为重点,同时兼顾各种生境类型和功能分区。

4. 保护优先原则

考察过程中尽可能不伤害野生动植物,严禁对国家重点保护动物进行损伤性采样。

1.5 综合考察技术路线

本次综合考察按图 1-1 中的技术路线进行。

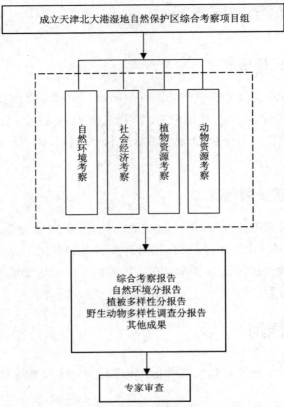

图 1-1　天津北大港湿地自然保护区综合考察技术路线

第 2 章　保护区的自然地理环境及自然资源概况

2.1　自然地理环境

2.1.1　地质地貌

天津北大港湿地自然保护区(下文简称"保护区")由海岸和退海成陆的淤泥堆积而成,形成了以河砾黏土为主的盐碱地貌,在地质上属于中国东部黄骅坳陷的一部分,基底岩石埋藏较深,主要岩石包括碳酸盐岩、碎屑岩、火山岩三大类。保护区内地势平缓,地形单一,由西南向东北微微降低,坡度小于万分之一。

2.1.2　气候

保护区属暖温带半湿润大陆性气候,四季分明,春季干旱多风,夏季潮湿多雨,秋季冷暖适宜,冬季少雪寒冷;年平均气温为 13.6 ℃,最高平均气温为 26 ℃,最低平均气温为 -4.8 ℃,年均降水量为 528.24 mm,年均蒸发量为 1 947 mm。

2.1.3　土壤

土壤的发生和发育受母质、地形、气候、生物和人为活动的共同影响。保护区的土壤类型为盐化潮土、滨海盐土。区内地势低洼平坦,多静水沉积,由于过去河流泛滥和长期引水,沉积了不同质地的土壤。地形较高的地方为轻壤土和沙壤土,而洼地多为重壤土和中壤土。由于各河流连续和交替进行的冲积作用,土壤层次也较复杂,土层厚度一般为 0.3~0.6 m。保护区主要有潮土和盐土两大类,其中潮土分布面积较大。

2.1.4　水文

天津滨海新区地处海河流域,相关河流含沙量大,径流总量小、变率小,流量分配不均,主要依靠雨水补给。海河多年平均径流量约为 200 亿 m³,7 月、8 月的夏汛期时海河流量最大,5 月、6 月、9 月至翌年 2 月的枯水期流量较小。

保护区内河流纵横交错,坑塘洼淀多,境内有独流减河、子牙新河、北排河、青静黄排水渠等河流和水渠,担负输水、引水、防汛期泄洪任务。北大港湿地的水源主要依靠大气降水和人工补给。北大港水库作为天津市的备用水源地,最大水深为 4.5 m,平均水深为 3 m,蓄水量为 50 000 万 m³。

2.1.5　植被

北大港湿地自然保护区的植物中,草本植物种类所占比例最大,约为 76.10%,木本植物比例极小,约占 11%,除柽柳、西伯利亚白刺、枸杞、野生榆树、酸枣等外,其余均为栽培树种,如国槐、刺槐、旱柳、绦柳、毛白杨等。种类最集中的科分别为禾本科(Gramineae)、菊科(Compositae)、豆科(Leguminosae)、藜科(Chenopodiaceae)、蓼科(Polygonaceae)、十字花科(Cruciferae)等。该区域内的野生植被组成中盐生植物为数众多,其中,数量最多的有藜科的盐地碱蓬、碱蓬、中亚滨藜、地肤、灰菜,蓝雪科的二色补血草、中华补血草,禾本科的芦苇、獐毛等。盐生植物具有带状、斑块状分布的特点,常见某种植物形成单优种群落。

2.2　自然资源

2.2.1　矿产资源

保护区附近有大港油田,其中北大港水库库区及独流减河地区有着丰富的石油和天然气资源。从陕西进京的天然气储气库就在独流减河的大张驼地区。原大港区中塘镇万家码头村到港城生活区及板桥、官港形成地热带,良好的地热资源为居民冬季生活取暖和热带水产品的养殖提供了良好的条件。

2.2.2　淡水资源

保护区所在地原大港区有 3 条一级河道、8 条二级河道及 30 多个洼淀,可蓄水容积为6.06 亿 m³。保护区内有大、中型水库 3 座,即大港水库、沙井子水库、钱圈水库,设计蓄水总量为 5.5 亿 m³。这些河道水库、洼淀蓄存的淡水资源对原大港区的工农业生产和水产养殖业起着重要的作用。

2.2.3　生物资源

1. 鸟类资源

北大港湿地由于面积较大,受人类影响较少,加上食物丰富,一直是多种鸟类的良好栖息地。特别是在候鸟迁徙的季节,众多候鸟在此栖息,其中包括十几种国家一、二级保护种类。近几年,由于静海区的团泊水库(天津市团泊鸟类自然保护区)增大了蓄水量,致使部分鸟类的栖息场所受到了破坏,许多鸟类已迁移至北大港湿地,近一二年在此都发现了越冬的天鹅。常年在此栖息、繁殖的鸟类也很多,如黑嘴鸥等。因此,为鸟类保护好这片良好的栖息地显得尤为重要。

2. 其他野生动物资源

保护区除鸟类外,还有两栖纲、爬行纲和哺乳纲的野生动物 40 余种。

保护区内最常见的鱼类有青鱼、草鱼、白鲢、鲫鱼、鲈鱼等。

据初步调查,保护区内的昆虫有 80 余种。湿地中主要的昆虫有七纹异箭蜓、棉蝗、日本负子蝽、中国虎甲、白薯天蛾等。

3. 水生植物

北大港水库的水生植被主要由以下几种群落构成。

（1）芦苇群落

芦苇群落沿水库周围生长，在生长季节迅速向水库中央推进。此群落所在地土壤均为沼泽土，一般含盐量很低，已基本脱盐。另外在水库北侧的独流减河泄洪河道内、水库堤坡及水中的小台地上，还生有一些"旱生芦苇"，群落种类多，结构复杂，通常呈苇草草甸状态。湿地内群落以芦苇为优势种，其平均株高为 80 cm，总盖度为 80%，植株虽然矮小，但生长周期正常。其主要特点是伴生的植物种类增加，且以耐旱的种类占优势。几十年来，芦苇一直是天津市造纸业的主要原料来源，也是民用和农业生产的重要物资。从生态学角度来讲，芦苇是有多种生态功能的植被类型，具有保持土壤水分、调节空气湿度、增加土壤有机质、改造滩涂的作用。

（2）香蒲群落与水葱群落

香蒲群落与水葱群落的生长环境与常年积水的芦苇群落的相同。香蒲群落主要分布在水较深的环境，平均株高 1.5 m，盖度 90%，个体生长较分散，尚未形成生产规模。其主要原因在于收割过度，缺乏保护。香蒲是一种经济价值较高的资源植物，可织席、入药。水葱主要分布在水库向湖心的内缘，呈同心圆带状分布，群落生长非常茂盛。

（3）狐尾藻、金鱼藻、黑藻群落

其分布在水域中较深的区域，以狐尾藻占优势，其次是金鱼藻，群落的生长繁殖很快，常常拥塞水体，成为水体底泥有机质的来源，同时也是加速水体填平作用的因素之一。这些藻类植物体本身可作为饲料，也是水生动物的饵料及栖息生境。

第3章　保护区植物资源调查

3.1　浮游植物调查

浮游藻类是水生态系统的初级生产者,它们能对水体营养状态的变化迅速做出响应,因此被广泛用作水体营养状态的指示种。通过对北大港湿地自然保护区浮游植物的调查,在总结分析浮游植物群落结构特征的基础上,调研团队对北大港湿地的营养状况进行了评价,旨在为北大港湿地自然保护区水环境的综合治理提供理论数据。

调研团队于2017年春秋两季分4次对北大港湿地不同代表水域的水生生物进行了调查,根据保护区不同水域水体的面积、形态特征、水生生物的生态分布等特点设置了20个有代表性的采样点,采样点的坐标及位置描述见表3-1-1。

表 3-1-1　采样点坐标及位置描述

采样点编号	坐标	监测站点
1#	N 38° 49.216′ E 117° 22.522′	河道
2#	N 38° 47.165′ E 117° 25.980′	万亩鱼塘
3#	N 38° 47.596′ E 117° 26.573′	万亩鱼塘(虾池)
4#	N 38° 47.448′ E 117° 26.962′	万亩鱼塘
5#	N 38° 45.379′ E 117° 26.129′	北大港水库
6#	N 38° 45.785′ E 117° 24.509′	北大港水库
7#	N 38° 47.031′ E 117° 20.619′	北大港水库
8#	N 38° 48.321′ E 117° 19.300′	北大港水库
9#	N 38° 45.236′ E117° 31.327′	鱼塘
10#	N 38° 45.450′ E 117° 33.256′	池塘
11#	N 38° 45.985′ E 117° 33.827′	防潮闸

续表

采样点编号	坐标	监测站点
12#	N 38° 45.314′ E 117° 34.430′	采油田
13#	N 38° 45.794′ E 117° 32.696′	独流减河
14#	N 38° 45.775′ E 117° 31.200′	独流减河
15#	N 38° 37.017′ E 117° 36.144′	潮间带
16#	N 38° 36.987′ E 117° 35.294′	潮间带
17#	N 38° 37.234′ E 117° 31.893′	北排水河
18#	N 38° 37.139′ E 117° 32.468′	北排水河
19#	N 38° 39.296′ E 117° 32.176′	子牙河(闸口)
20#	N 38° 39.309′ E 117° 32.179′	子牙河(鱼塘)

3.1.1　实验材料

1. 主要用具

25# 浮游生物网、1 L 的采水器、浮游生物浓缩器、显微镜、透明度盘、浮游植物计数框、载玻片、盖玻片、小吸管、刻度吸管、细口瓶、广口瓶、1 000 mL 的塑料瓶等。

2. 药品

1)福尔马林液。福尔马林液又称商用甲醛液,它含有 40% 的甲醛。普通固定浮游植物需使用 4% 的福尔马林(即含有 1.6% 甲醛),即在采得的每 100 mL 标本小样中加入约 4 mL 福尔马林。

2)鲁哥试剂。配制方法:将 6 g 碘化钾溶于 20 mL 蒸馏水中,待其完全溶解后再加入 4 g 碘,待碘完全溶解后,加 80 mL 水,即可取用。

3.1.2　样品的采集和处理

1. 浮游植物定性样品的采集和鉴定

采集浮游植物使用 25# 浮游生物网。将浮游生物网放入水中半米深处,作"∞"字形循回拖动,3 至 5 分钟后将网徐徐提起。待水滤去,所有浮游生物集中在网头内时即可将盛标本的小瓶在网头下接好,打开开孔,让标本流入瓶中。采集好的样本需要立即固定,加入固定液即可,浮游植物以 1.5% 的碘液固定,为了长期保存再加少许福尔马林液。分类鉴定时,优势种类需鉴定到种,其他种类需鉴定到属。

2. 浮游植物定量样品的采集、保存及处理

采集浮游植物定量样品时将采样容器伸到水面以下 0.5 m,通常采水 1 000 mL,立即加入碘液 15 mL 固定。回实验室后,首先将采到的定量水样进行沉淀与浓缩。将固定好的 1 000 mL 水样充分摇荡后,倒入浮游生物沉淀器内,静置 24 h 后,浮游生物自动沉淀下来,在沉淀过程中应避免震动。在沉淀 1~2 h 后应用清洁玻璃棒于沉淀器中轻轻搅动几下,使沉淀器壁上附着的浮游生物下沉。24 h 之后,用橡皮乳胶管接上橡皮球,利用虹吸法将沉淀器中的上清液缓慢吸出。这一过程应注意:管口应始终低于水面,防止微小生物被吸出;切不可搅动沉淀器底部,万一搅动,应重新静置沉淀 24 h。余下适量的沉淀物(如少于 30 mL),将其倒入事先标定好的细口瓶中,再以少量的上清液清洗沉淀器壁,将沉淀物尽量收集到细口瓶中,然后浓缩到正好 30 mL,贴好标签,以备计数。

3. 观察计数

(1)取样制片

取样时左手持盛有水样的细口瓶,轻轻地充分摇荡数百次,使瓶内标本尽量均匀,摇好后立即将瓶盖打开,用 0.1 mL 的吸管在中心位置迅速准确吸取 0.1 mL 标本液注入计数框中,小心盖好盖玻片,不让其产生气泡,否则重做。在天气干燥、气温高时,可在盖玻片周围涂上一层极薄的液体石蜡,以防止水分蒸发、产生气泡,影响计数结果。

(2)观察计数

在 40 倍显微镜下,选择适当的视野进行计数。为使选择的视野位置均匀分布在计数框中,可利用计数框中的小方格来确定。观察的视野数要根据标本量的情况确定,通常平均每个视野有十几个个体时,数 50 个视野,如果平均每个视野有 5~6 个个体时,数 100 个视野即可。每瓶标本计数两片(两次用盖玻片取样),对取其平均值。同一样品的二片计数结果和平均值之差如不大于其平均值的 ±15%,其均值视为有效结果,否则必须计数第三片、第四片,达到要求才视为有效结果。观察计数时,常常碰到某些个体部分位于视野中,可规定处在视野上半圈者计,下半圈的不计。数量通常以细胞数来表示,所以对群体或丝状体,可提前计算好 10~20 个个体的平均细胞数。注意不要把微型浮游植物当作杂质而漏计。

1 L 水中浮游植物的现存量可用下列公式计算,即

$$N = \left[\frac{A}{Ac} \times \frac{V_s}{V_a} \right] \times n \qquad (4\text{-}1)$$

式中　N——每升原水样中的浮游植物数量,个;

Ac——每个视野的面积,mm^2;

A——记数框的面积,mm^2;

V_s——1 L 水样经沉淀浓缩后的体积,mL;

V_a——计数框的体积,mL;

n——计数所得浮游植物的数目,个。

（3）生物量的换算

因为浮游植物中不同种类的个体大小相差较悬殊,用个体数或细胞数都不能反映水体丰欠的真实情况,且浮游植物的个体极小,除特殊情况外,无法直接称重,一般用体积来换算。球形、圆盘形、圆锥形、带形等形状的个体可按体积公式计算。纤维形、多角形、新月形以及其他形状的个体可分为几个部分计算。由于浮游植物大都悬浮于水中,其密度应近于所在水体的密度,即接近于 1,因此体积值(μm^3)可直接换算为质量值。由于同一种类的细胞大小可能有较大的差别,同一属内的细胞差别就更大了,因此,必须实测每次水样中主要种类的细胞大小并计算平均质量,每个种类至少测量 30 个细胞的大小,取平均值,再依相应的几何体积公式计算体积。

4. 评价方法

本书采用种群数量、群落优势种用作评价水体营养水平的指标,也可以用藻类群落组成特征来评定水体的营养状态,用多样性指数来评价水质。参照国内有关湖泊营养水平标准,水体实测种群数量小于 3×10^5 ind/L(个 / 升)为贫营养,大于 3×10^5 ind/L 为中—富营养,大于 10×10^5 ind/L 为富营养。浮游植物多样性指数采用 Shannon-wiener 指数(香农 – 威纳指数, H),

$$H = -\sum_{i=1}^{s} P_i \log_2 P_i \qquad\qquad (4-2)$$

式中　S——样品中的种类总数;

　　　N——样品中所有种类的总个体数;

　　　n_i——样品中第 i 种生物的个体数;

　　　P_i——第 i 个物种的个体数与样品中的总个体数的比值, $P_i = \dfrac{n_i}{N}$。

3.1.3　调查结果

1. 种类组成

调查团队 4 月份在北大港湿地采集的浮游植物分属 8 门 42 属。其中绿藻门 13 属,蓝藻门、硅藻门各 8 属,裸藻门 3 属,甲藻门、黄藻门各 4 属,隐藻门、金藻门各 1 属。优势属主要有蓝藻门的微囊藻属,绿藻门的小球藻属;蓝藻门的色球藻属、平裂藻属、颤藻属、席藻属、鱼腥藻属,甲藻门的角甲藻属,裸藻门的裸藻属、扁裸藻属,绿藻门的衣藻属、雨生红球藻属、团藻属、绿球藻属等均为常见属。

5 月份浮游植物的调查结果与 4 月份有显著差异。通过调查,5 月份团队采集的浮游植物分属 8 门 50 属。其中绿藻门 13 属,硅藻门 12 属,蓝藻门 10 属,裸藻门 3 属,甲藻门 6 属,黄藻门 4 属,隐藻门、金藻门各 1 属。优势属主要有蓝藻门的微囊藻属,绿藻门的小球藻属;蓝藻门的色球藻属、平裂藻属、颤藻属、席藻属、鱼腥藻属,甲藻门的角甲藻属,裸藻门的裸藻属、扁裸藻属,绿藻门的绿球藻属、鼓藻属、衣藻属、雨生红球藻属、团藻属等均为常见属。

9 月份浮游植物的种类和数量丰富,团队共采集浮游植物 8 门 75 属,其中绿藻门 19

属,硅藻门20属,蓝藻门12属,裸藻门、黄藻门各5属,甲藻门9属,金藻门4属,隐藻门1属。优势属主要有蓝藻门的微囊藻属、绿藻门的小球藻属。蓝藻门的螺旋藻属、色球藻属、平裂藻属、颤藻属、席藻属、鱼腥藻属,甲藻门的角甲藻属,硅藻门的舟形藻属、菱形藻属、针杆藻属、新月拟菱形藻属、角刺藻属、角毛藻属,裸藻门的尖尾裸藻属、扁裸藻属、鳞孔藻属,绿藻门的十字藻属、绿球藻属、衣藻属、团藻属、蹄形藻等均为常见属。

10月份浮游植物的调查结果与9月份差异不大。10月份团队采集的浮游植物分属8门65属,其中绿藻门14属,硅藻门18属,蓝藻门12属,裸藻门5属,甲藻门9属,黄藻门4属,金藻门2属,隐藻门1属。优势属主要有蓝藻门的微囊藻属,绿藻门的小球藻属。蓝藻门的螺旋藻属、色球藻属、平裂藻属、颤藻属、席藻属、鱼腥藻属,甲藻门的角甲藻属,硅藻门的舟形藻属、菱形藻属、针杆藻属、新月拟菱形藻属、角刺藻属、角毛藻属,裸藻门的尖尾裸藻属、扁裸藻属、鳞孔藻属,绿藻门的十字藻属、绿球藻属、衣藻属、团藻属、蹄形藻等均为常见属。

2. 生物量

根据4月份调查可知,12#采样点的浮游植物总数量最多,其值为1.34×10^7 ind/L,生物量为5.71 mg/L。10#采样点浮游植物的数量最少,为7.02×10^4 ind/L,生物量只有0.03 mg/L。6#、16#、19#数量差异不大,分别为3.01×10^6、3.25×10^6、3.03×10^6 ind/L。从各门的调查结果来看,样品中绿藻门最多,数量为2.39×10^6 ind/L,生物量为0.48 mg/L,蓝藻门与绿藻门差异不大,隐藻门和硅藻门数量次之,金藻门、黄藻门、裸藻门分布最少。

5月份浮游植物调查结果与4月份有较大差异。5月份各个采样点浮游植物的数量和种类比4月份增长显著。4#采样点浮游植物数量最多,为4.82×10^8 ind/L,生物量为82.56 mg/L。19#采样点浮游植物数量与4#采样点差距不大,为4.41×10^8 ind/L,生物量为88.41 mg/L。17#采样点次之,浮游植物数量为3.389×10^8 ind/L,生物量为0.58 mg/L。10#采样点浮游植物数量最少,为6.4×10^4 ind/L,生物量为0.06 mg/L。从各门的调查结果来看,样品中出现最多的是蓝藻门,数量为7.73×10^7 ind/L,生物量为18.14 mg/L。绿藻门次之。

9月份调查数据显示,17#采样点浮游植物数量最多,为4.85×10^8 ind/L,生物量为39.57 mg/L。10#、16#采样点浮游植物数量与17#差异不大,分别为4.52×10^8、4.80×10^8 ind/L,生物量分别为5.92、38.45 mg/L。18#、19#、20#次之,浮游植物数量分别为3.22×10^8、3.23×10^8、3.31×10^8 ind/L。1#样点浮游植物数量最少,为2.43×10^6 ind/L,生物量为37.61 mg/L。从各门的调查结果来看,蓝藻门和绿藻门出现得最多,数量分别为7.20×10^7、7.27×10^7 ind/L,生物量分别为25.44、2.86 mg/L。硅藻门次之。

10月份的调查结果与9月份差异不大。10月份调查数据显示,8#采样点的浮游植物总数量最多,其值为4.81×10^8 ind/L,生物量为358.83 mg/L,18#采样点浮游植物数量最少,为8×10^4 ind/L,生物量只有0.02 mg/L。其次是13#、14#,这两个采样点的浮游植物总数量差异不大,分别为2.24×10^8、2.48×10^8 ind/L;5#、7#、11#、12#、15#浮游植物总数量也较大,分别为1.50×10^8、1.17×10^8、1.55×10^8、1.01×10^8、1.68×10^8 ind/L。从各门的调查结果来看,蓝藻门最多,数量为5.93×10^7 ind/L,生物量为37.31 mg/L,绿藻门、黄藻门次之,金藻门、

隐藻门、裸藻门较少,甲藻门最少。

计算 20 个采样点 4 次采样的平均值,得到保护区浮游植物现存量。17# 采样点的浮游植物数量最多,为 2.07×10^8 ind/L,生物量为 10.46 mg/L,其次,16#、19# 采样点浮游植物的数量差异不大,4#、8#、10#、18# 这 4 个采样点浮游植物的数量也较多。1# 采样点的浮游植物数量最少,为 5.96×10^6 ind/L。从各门的调查结果看,蓝藻门最多,绿藻门次之,隐藻门、裸藻门、金藻门极少,甲藻门最少。

3. 结论

(1)浮游植物种类的季节变化

通过春、秋采样调查的结果来看,北大港湿地中浮游植物种类和数量最多的是 9 月份。9 月份浮游植物种类最多(75 种),其次是 10 月份(65 种),5 月份种类(50 种)多于 4 月份,4 月份浮游植物种类(41 种)最少。浮游植物的物种数在秋季远远高于春季,这是因为北方秋季温度较合适,阳光充足,浮游植物光合作用较春季明显,更有利于浮游植物的生长。蓝藻门、绿藻门生长繁殖较快,为主要的优势种。

采样水域的浮游植物多以蓝藻门、绿藻门为主,它们是北大港湿地的主要类群。夏季与秋季水温较高,硅藻门的种类和数量也不断增长,而其他藻类的变化不大。春季和秋季浮游植物数量最多的是蓝藻门,绿藻门次之。黄藻门、硅藻门较春季有显著变化。隐藻门、甲藻门、金藻门变化不显著。

(2)浮游植物种类的平面分布

从 4 次采样调查分析来看,北大港湿地浮游植物优势种类如蓝藻门的微囊藻属、螺旋藻属、色球藻属、平裂藻属、席藻属、颤藻属,硅藻门的菱形藻属、舟形藻属、新月拟菱形藻属、角刺藻属、角毛藻属、脆杆藻属、针杆藻属,甲藻门的角甲藻属,绿藻门的小球藻属、十字藻属、衣藻属、栅藻属、绿球藻属、鼓藻属、团藻属、蹄形藻属等广为分布;但部分种类仅出现在个别样点,如绿藻门的卵囊藻属仅出现在 8# 样点里,隐藻门的隐藻属仅出现在 2 个样点中。所调查的 20 个样点中,蓝藻门的微囊藻、色球藻,绿藻门的小球藻分布广泛、数量较多。

团队在北大港湿地共采集浮游植物 8 门 75 属。其中硅藻门有 20 属,所占百分比最多,为 26.67%;绿藻门 19 属,所占百分比次之,为 25.33%;蓝藻门和甲藻门分别有 12 属和 9 属,所占百分比分别为 16% 和 12%;裸藻门与黄藻门均有 5 属,各占 6.67%;金藻门 4 属,占 5.33%;隐藻门只有 1 属,占 1.33%。

(3)浮游植物的数量变化

4 月与 5 月的两次采样调查显示,北大港湿地中浮游植物的种类和数量有较大差异。5 月份采集的浮游植物的种类和数量较 4 月份增长显著。5 月份浮游植物总体平均数量相比 4 月份增长了约 24 倍,蓝藻门数量增长了约 37 倍,绿藻门增长了约 13 倍,增长显著,其他藻类变化不明显。9 月与 10 月的两次采样调查显示,浮游植物的种类和数量变化不明显。

随着季节的变化、温度的改变,蓝藻门、绿藻门的种类和数量增长较快。硅藻门植物种类在 9 月份最多,4 月份最少。隐藻门、甲藻门、裸藻门、金藻门的种类和数量变化相对不大。

4.营养水平及水质评价

（1）种群数量

从调查测定结果看,浮游植物种群数量为 8.574×10^7 ind/L,大于标准的 10×10^5 ind/L,说明从种群数量反映的水质指标判断,北大港湿地保护区水质接近中 - 富营养状态。

（2）多样性指数

水体浮游植物多样性指数可以作为判定水体营养状况的依据(Shanthala M,2009),根据香农 - 威纳指数进行评价时, $0<H \leqslant 0.93$,水体为富营养化, $0.93<H \leqslant 3.30$,水体为中营养化, $H' >3.30$,水体为贫营养化。

经测定,北大港湿地浮游植物的多样性指数 H 为 1.30~1.47,从浮游植物种群数量及多样性指数反映的水质状况来看,北大港湿地保护区水质总体处于中 - 富营养状态。

从浮游植物的调查结果来看,蓝藻门、绿藻门等均为主要优势种类,而蓝绿藻是引发水华暴发的主要种类,为防止水华发生,通常采取生物手段来控制浮游植物,控制水体富营养化,以改善水质。

3.2　维管植物调查

3.2.1　调查方法

1. 主要用具

调查主要用具有样方绳、枝剪、皮尺、钢卷尺、GPS 等。

2. 调查技术依据

1)《生态学野外实习手册》,高等教育出版社出版。

2)《自然保护区生物多样性监测技术规范》,云南科技出版社出版。

3)《生物多样性调查与评价》,云南科技出版社出版。

4)《全国植物物种资源调查技术规定(试行)》,中华人民共和国环境保护部印发。

3. 样地的设置

湿地植物群落调查样地应具有植物群落完整的特征,样地的位置和样地的密度要有代表性。本次调查根据野外实际情况,样方面积分别设定为乔木方 10 m × 10 m、灌木方 2 m × 2 m 和草本方 1 m × 1 m 3 种。样地数目的多少取决于群落结构的复杂程度、群落的分层结构、群落种类组成以及生活型和生态类型。一般每类群落以 3~5 个样方为宜,以便于统计比较。样地的布局可按主观取样、系统取样和随机取样等方式灵活选择。

4. 植物群落的数量特征及其调查

群落调查中定量测取植物个体、种群、层等的生长和分布特征,可以更为确切地反映植物群落发展变化的幅度和速度,阐明各种因素间的联系和影响,估计潜在的植物资源,判别群落间类型的差异程度等,从而提高调查工作的科学性和实效性。调查内容主要有:乔木的株数、高度、胸径;灌木的株丛数、高度和盖度;草本植物的株丛数和盖度;然后分别统计各样方内每个种的密度、盖度（包括乔木的基盖度）、高度和频度，再计算各样地内每个种的相对密度、相对优势度、相对高度、相对盖度和相对频度。

（1）多度或密度

多度指的是在单位面积（样方）上某植物种的全部个体数，又叫群落的个体饱和度。很多人把多度视为密度的同义词，通常用若干样方进行统计计算。

相对多度或相对密度是指样地中特定种个体数占各个种的总个体数的百分数，它表达出某个种的个体数量是否占优势的情况。

计算公式如下：

$$密度（D）= \frac{样方内某种植物的个体数}{样方面积}$$

$$相对密度（RD）= \frac{样地内某种植物的密度}{样地内全部植物种的总密度和} \times 100\%$$

$$= \frac{样地内某种植物的总个数}{样地内全部植物种的总个数} \times 100\%$$

其中，草本样方的面积为 1 m × 1 m=1 m²，灌木样方的面积为 2 m × 2 m=4 m²，乔木样方的面积为 10 m × 10 m=100 m²。

草本植物可通过小型统计样方测算或估算多度，但困难在于不易区分根茎植物、匍匐植物、分蘖丛生植物的个体。这时需要明确规定，按照地上茎数目或者加上对应的根系数作为个体数计算。

（2）频度

含有某特定种的样方数（或统计样方数）占样方总数的百分数称为该种的频度。它反映群落各组成种在水平分布上是否均匀一致，从而说明植物与环境或植物与植物之间的某些关系。相对频度指某特定种的频度占样地内所有种频度和的百分数。

计算公式如下：

$$频度（F）= \frac{样地内某种植物出现的样方数}{样地内全部的样方数}$$

$$相对频度（RF）= \frac{某种植物的频度}{样地内所有种植物的频度和} \times 100\%$$

（3）盖度

盖度指样地中全部植物个体遮盖地面的面积，或它们的地上部分（枝叶等）垂直投影所覆盖的土地面积占地面的比率，一般用目测估计。基部盖度又称纯盖度（基盖度或真盖度），是指植物基部实际所占的面积。

灌木的盖度与草本植物有所不同，不能通过目测直接估计，而是需要通过目测其冠幅，然后通过计算得出，公式如下：

$$盖度（C）= \frac{东西冠幅 × 南北冠幅}{样方面积}$$

其中,灌木样方的面积为 2 m × 2 m=4 m²。

相对盖度指样地内某种植物的总盖度占样地内所有植物种总盖度的百分数,计算公式如下:

$$相对盖度(RC) = \frac{样地内某种植物的盖度和}{样地内所有植物种的盖度之和} \times 100\%$$

(4)植株高度

在灌木样方和乔木样方中,需要调查每种植物的个体高度和最大高度。高度较小的灌木可以用直尺直接进行测量;高度较大的灌木,需要通过目测法进行估算。而乔木由于个体高度较大,所以只能通过目测来进行估算。相对高度计算时需要采取某种植物的平均高度,其计算公式如下:

$$相对高度(RH) = \frac{样地内某种植物的平均高度}{样地内所有植物种的平均高度之和} \times 100\%$$

(5)优势度

优势度是指植物群落内各种植物种类处于何种优势或劣势状态的群落测定度,是表示乔木在样地中重要性的一个重要指标。乔木样方中的优势度需要通过测量乔木的胸径来进行计算,公式如下:

$$优势度(DE) = \frac{样方内某种植物的胸径断面积}{样地面积}$$

$$相对优势度(RDE) = \frac{样方内某种植物的胸径断面积和}{样地内所有植物种的胸径断面积之和} \times 100\%$$

其中,乔木样方的面积为 10 m × 10 m=100 m²。

(6)重要值

重要值是一个综合性指标,它较全面地反映种群在群落中的地位和作用。密度、盖度、频度、高度和优势度这几种不同的测量值可以表示某特定种植物的绝对数量特征,而它们的相对值(即占所有种测量总值的百分比)则反映该种植物在群落全部成员中的重要性。因此,把其中的几个测量数据的相对值合并,便构成特定植物的重要值。草本植物、灌木和乔木的重要值计算是各不相同、有所区别的。

草本植物重要值(IV)的计算公式如下:

$$IV_{草本} = \frac{RD + RF + RC}{3}$$

灌木重要值(IV)的计算公式如下:

$$IV_{灌木} = \frac{RD + RH + RC}{3}$$

乔木重要值(IV)的计算公式如下:

$$IV_{乔木} = \frac{RD + RH + RDE}{3}$$

5. 植物多样性分析

依据样地中种数、每个种的个体数等数据和前面的数据整理的结果可进行植物多样性分析。

（1）辛普森（Simpson）多样性指数

该指数是 Simpson（1949）基于概率论提出的。其计算公式如下：

$$D = 1 - \sum_{i=1}^{S} \left(\frac{N_i}{N} \right)^2$$

式中 D——辛普森指数；

       S——样地全部种的个体数；

       N_i——样地内第 i 个种的个体数；

       N——样地内所有种植物的总个体数。

（2）香农－威纳（Shannon-Wiener）多样性指数

该指数是以信息论范畴的 Shannon-Wiener 指数（H）为基础的。其计算公式如下：

$$H = -\sum_{i=1}^{S} \left(\frac{N_i}{N} \right) \ln \left(\frac{N_i}{N} \right)$$

式中 H——香农指数；

       S——样地全部种的个体数；

       N_i——样地内第 i 个种的个体数；

       N——样地内所有种植物的总个体数。

香农－威纳指数和辛普森指数包括了测量群落的异质性。香农－威纳指数用来描述种的个体出现的紊乱和不确定性，不确定性越高，多样性也就越高。在香农－威纳多样性指数中包含两个因素：①种类数目，即丰富度；②种类中个体分配上的平均性或均匀性。种类数目多，可增加多样性；同样，种类之间个体分配的均匀性增加也会使多样性提高。如果每一个体都属于不同的种，多样性指数就最大；如果每一个体都属于同一种，则多样性指数就最小。群落中种数越多，各种个体分配越均匀，辛普森指数越高，说明群落物种多样性越丰富。

3.2.2   调查结果

3.2.2.1   总体分析

天津北大港湿地区域包含高等植物共有 174 种，占天津植物区系的 12.80%（天津市高等植物共 1359 种），其中野生植物有 153 种，人工种植植物有 21 种。该区域湿地植物种类中除少数种零散分布外，大多数均群集在一起成片生长，群集度高，分布广，覆盖度大，形成单优势种群落或者共优群落。例如典型的湿地植物芦苇，它们在湿地中生长繁育很快，群集度很高，分布广，产量高，覆盖度大。在大部分区域，芦苇可以组成以本身为优势种的植物群落，其覆盖度有时可高达 90%。芦苇也可以单独构成群落，形成单纯的芦苇群落，其覆盖度在该群落中达到 100%。芦苇的重要值约为 60.53，是区域内最高的，其他种植物的重要值与其差值很大，说明芦苇是北大港湿地中的绝对优势物种，在区域内具有极其重要的作用和地位。狗尾草、碱蓬的重要值分别约为7.20、6.65,分列第二、第三,也属于区域内的优势物种,但与芦苇相比,其地位和作用有所下降。此外,虎尾草、盐地碱蓬、獐毛、盐角草、猪毛蒿、黄花蒿、鹅绒藤、牵牛等植物也属于区域内的优势物种,这些植物在湿地中的地位和作用与狗尾草、碱蓬相比,有所下降,但并不是很明显。这些优势种主要分布在沼泽地附近、堤岸边、河漫滩、路边等地。有些植物常以单种群集在一起,形成较大面积的分布,如芦苇、盐地碱蓬、盐角草等植物;有些植物常组成以其本身为优势种或次优势种的植物群落,如狗尾草、碱蓬、虎尾草、獐毛、猪毛蒿等植物;有些植物则很少单种群集,常以较密的单株丛生形式出现在常见的植物群落中,如黄花蒿、牵牛、鹅绒藤等植物。这些植物资源集中分布,为资源的开发利用提供了便利条件。天津北大港湿地草本植物的辛普森多样性指数约为0.40,香农-威纳指数约为1.221,说明湿地内植物种数较多,各种个体分配较均匀,群落物种多样性较丰富。

在灌木植被样方的多样性分析中,由表3-2-1可知,北大港湿地内的灌木有4种——柽柳、紫穗槐、枸杞和酸枣,其中柽柳为优势种,其重要值约为43.28,另外3种植物的重要值与其差值较大。在灌木群落中,常伴生有芦苇、狗尾草、虎尾草、碱蓬、猪毛蒿等草本植物。

表3-2-1　北大港湿地灌木植被特征分析表

植物名称	相对密度	相对盖度	相对高度	重要值	多样性指数	
					香农-威纳指数	辛普森指数
柽柳	54.08	49.61	26.15	43.28	1.11	0.61
紫穗槐	28.57	37.68	29.23	31.83		
枸杞	10.20	9.56	26.15	15.30		
酸枣	7.14	3.16	18.46	9.59		

在乔木植被样方的多样性分析中,由表3-2-2可知,北大港湿地内的乔木种类与灌木种类相比,乔木种类较多,其中以刺槐的重要值最高,约为27.58。在乔木样方中,没有某物种单独成林的现象出现,多是以某种乔木为优势种,混生有其他种乔木以及灌木和草本植物,形成具有明显分层结构的群落。样方中常伴生有狗尾草、碱蓬等草本植物。

表3-2-2　北大港湿地乔木植被特征分析

植物名称	相对显著度	相对密度	相对高度	重要值	多样性指数	
					香农-威纳指数	辛普森指数
刺槐	9.87	63.00	9.87	27.58	1.32	0.58
山杨	15.76	6.28	15.76	12.60		

植物名称	相对显著度	相对密度	相对高度	重要值	多样性指数	
					香农－威纳指数	辛普森指数
国槐	16.81	1.35	16.81	11.65		
榆树	9.03	13.00	9.03	10.36		
桑树	9.24	5.83	9.24	8.11		
臭椿	9.98	3.59	9.98	7.85	1.32	0.58
旱柳	10.50	0.67	10.50	7.23		
枣树	8.40	4.48	8.40	7.10		
白蜡	7.25	1.57	7.25	5.35		
山杏	3.15	0.22	3.15	2.17		

3.2.2.2　各区域详细分析

北大港湿地可以分成 3 部分——核心区、缓冲区、实验区。其中缓冲区包括李二湾及其南侧用地,实验区由独流减河与北大港水库实验区、沙井子水库、钱圈水库和捷地减河这 4 部分区域组成。

1. 核心区

（1）植物多样性分析

天津北大港湿地核心区内有高等野生植物 124 种,占天津植物区系的 9.12%（天津市高等植物共 1359 种）。该区域内,湿地植物具有群集度高、分布广、覆盖度大的特点,常形成单优势种群落或者共优群落。例如典型的湿地植物芦苇,大部分成片生长,单独构成群落,形成单纯的芦苇群落,覆盖度达到 100%,芦苇也常组成以本身为优势种的植物群落,覆盖度最高时可达 90% 左右。芦苇是北大港湿地核心区内的绝对优势物种,其重要值约为 64.93,是区域内重要值最高的。盐地碱蓬、狗尾草的重要值分别约为 6.41、6.30,分列第二、第三,也属于区域内的优势物种。此外,碱蓬、盐角草、虎尾草、獐毛、猪毛蒿等植物也属于区内的优势物种,这些优势种主要分布在沼泽地附近、堤岸边、河漫滩、路边等地,有些植物常以单种群集在一起,形成较大面积的分布,如芦苇、盐地碱蓬、盐角草等;有些植物常组成以自身为优势种或次优势种的植物群落,如狗尾草、虎尾草、碱蓬、獐毛;有些植物则很少单种群集,常形成较密的单株丛生情况,如牵牛等。

在灌木植被样方的多样性分析中,由表 3-2-3 可知,北大港核心区内的灌木有 3 种——柽柳、枸杞和紫穗槐,其中柽柳为优势种,重要值约为 60.14,远高于另外两种植物,说明柽柳更能适应该区域的生长环境。在灌木样方中,常伴生有芦苇、狗尾草、虎尾草、碱蓬、猪毛蒿、牵牛等草本植物。

表 3-2-3　北大港湿地核心区灌木植被特征分析表

植物名称	相对密度	相对盖度	相对高度	重要值	多样性指数	
					香农－威纳指数	辛普森指数
柽柳	83.33	67.39	29.69	60.14		
枸杞	12.50	19.89	31.25	21.21	0.54	0.29
紫穗槐	4.17	12.73	39.06	18.65		

在乔木植被样方的多样性分析中,由表 3-2-4 可知,核心区的乔木有 7 种,其中榆树的重要值最高,约为 32.01,其他乔木种与其相比重要值差值较大,说明榆树在核心区具有较强的生长优势。在乔木样方中,没有某物种单独成林的现象出现,几乎都是由乔木、灌木和草本共同构成植物群落。样方中常伴生有狗尾草、碱蓬、猪毛蒿、牵牛等草本植物。

表 3-2-4　北大港湿地核心区乔木植被特征分析表

植物名称	相对显著度	相对密度	相对高度	重要值	多样性指数	
					香农－威纳指数	辛普森指数
榆树	45.95	38.89	11.18	32.01		
臭椿	20.42	8.33	14.38	14.38		
国槐	6.28	8.33	25.56	13.39		
刺槐	7.85	19.44	12.78	13.36	1.68	0.77
旱柳	14.14	8.33	15.97	12.81		
桑树	6.28	13.89	11.18	10.45		
白蜡	6.28	2.78	8.95	6.00		

（2）主要植物群落及分布

核心区主要陆生植物群落为:芦苇群落、芦苇－盐地碱蓬群落、芦苇－獐毛群落、芦苇－碱蓬群落、芦苇－狗尾草群落、碱蓬－狭叶香蒲群落、狗尾草－虎尾草－鹅绒藤群落、芦苇－狗尾草－黄花蒿群落、芦苇－獐毛－二色补血草群落、地笋群落。

核心区主要水生植物群落为:菹草群落、角果藻群落、狐尾藻群落。

核心区主要植物、植物群落分布情况见附图Ⅰ图 1。

2.缓冲区

（1）植物多样性分析

天津北大港湿地缓冲区内共有野生植物 94 种,占天津植物区系的 6.92%（天津市高等植物共 1 359 种）。该区域内湿地植物具有分布广、覆盖度大的特点。例如典型的湿地植物芦苇的重要值约为 54.79,是北大港湿地缓冲区内的绝对优势物种。碱蓬、狗尾草的重要值分别约为 13.02、8.81,也属于区域内的优势物种。此外,虎尾草、獐毛、猪毛蒿、黄花蒿、鹅绒藤、盐地碱蓬等植物,也属于缓冲区内的优势物种。这些优势种主要分布在沼泽地附近、堤岸边、河漫滩、路边等地,有些植物常以单种群集在一起,形成较大面积的分布,如芦苇、盐地碱蓬等;有些植物常组成以其本身为优势种或次优势种的植物群落,如狗尾草、虎尾草、碱蓬、獐毛、猪毛蒿等;有些植物则很少单种群集,常以较密的单株丛生形式出现在常见的植物群落中,如黄花蒿、鹅绒藤等。缓冲区香农－威纳指数约为 1.102,与核心区的 1.118 相比有所下降,说明与核心区相比,缓冲区内的植物多样性较低。

在灌木植被样方的多样性分析中,由表 3-2-5 可知,北大港湿地缓冲区内的灌木有 3 种——紫穗槐、柽柳和枸杞。紫穗槐的重要值约为 48.80,与柽柳和枸杞相比,其在缓冲区中的地位和作用较高。在灌木植物群落中,常伴生有狗尾草、碱蓬、獐毛、鹅绒藤等草本植物。

表 3-2-5　北大港湿地缓冲区灌木植被特征分析

植物名称	相对密度	相对盖度	相对高度	重要值	多样性指数	
					香农－威纳指数	辛普森指数
紫穗槐	57.58	52.09	36.73	48.80		
柽柳	27.27	37.42	34.69	33.13	0.95	0.42
枸杞	15.15	10.49	28.57	18.07		

在乔木植被样方的多样性分析中,由表 3-2-6 可知,缓冲区的乔木有 5 种,其中刺槐的重要值约为 50.56,排在第一位,其他植物的重要值与其相比差值较大,说明与臭椿、榆树等乔木相比,刺槐更适应缓冲区的生长环境。在乔木样方中,常伴生有芦苇、狗尾草、碱蓬、鹅绒藤等草本植物。

表 3-2-6　北大港湿地缓冲区乔木植被特征分析

植物名称	相对显著度	相对密度	相对高度	重要值	多样性指数	
					香农－威纳指数	辛普森指数
刺槐	55.84	73.62	22.22	50.56		
桑树	15.55	5.12	22.22	14.34		
榆树	13.77	11.02	15.56	13.45	0.92	0.44
臭椿	10.45	4.33	20.00	11.65		
枣树	4.08	5.91	20.00	10.00		

（2）主要植物群落及分布

缓冲区主要陆生植物群落有:芦苇群落、芦苇－碱蓬群落、芦苇－獐毛群落、芦竹群落、狗尾草－猪毛蒿群落、刺槐－狗尾草群落、柽柳－碱蓬群落。

缓冲区主要植物、植物群落分布情况见附图Ⅰ图 2。

3. 实验区

实验区是由独流减河与北大港水库实验区、沙井子水库、捷地减河和钱圈水库这 4 部分组成,每一部分的植物特征以及植物群落结构都存在一定的差异,实验区 4 个部分植物群落特征如下。

（1）独流减河与北大港水库实验区

1）植物多样性分析。天津北大港湿地实验区内共有野生植物116种,占天津植物区系的8.54%（天津市高等植物共1 359种）。芦苇的重要值约为64.17,是区域内最高的,说明芦苇是该区域内的绝对优势物种。狗尾草、碱蓬的重要值分别约为5.10、4.71,也属于区域内的优势物种。此外,盐地碱蓬、虎尾草、盐角草、獐毛、鹅绒藤、猪毛蒿等植物也属于区内的优势物种,主要分布在沼泽地附近、堤岸边、河漫滩、路边等地。该区域香农－威纳指数约为1.07,与核心区的1.118相比,有所下降,说明与核心区相比,实验区的植物多样性较低。

在灌木植被样方的多样性分析中,由表3-2-7可知,该区域的灌木涵盖了北大港湿地的所有灌木种类,其中以柽柳为优势种,重要值约为50.40,远高于另外3种植物,说明柽柳更能适应该区域的生长环境,具有较高的地位和作用。在灌木样方中,常伴生有狗尾草、虎尾草、芦苇、碱蓬等草本植物。

表3-2-7　独流减河与北大港水库实验区灌木植被特征分析

植物名称	相对密度	相对盖度	相对高度	重要值	多样性指数	
					香农－威纳指数	辛普森指数
柽柳	75.00	55.43	20.77	50.40	0.82	0.41
紫穗槐	6.25	18.49	34.15	19.63		
枸杞	12.50	11.10	24.59	16.06		
酸枣	6.25	14.98	20.49	13.91		

在乔木植被样方的多样性分析中,由表3-2-8可知,该区域的乔木种类与其他区域相比较多,几乎涵盖了北大港湿地中常见的乔木种类,其中臭椿的重要值最高,约为22.15。乔木群落中常伴生有碱蓬、狗尾草、牵牛等草本植物。

表3-2-8　独流减河与北大港水库实验区乔木植被特征分析

植物名称	相对显著度	相对密度	相对高度	重要值	多样性指数	
					香农－威纳指数	辛普森指数
臭椿	37.20	9.52	19.72	22.15	1.79	0.82
榆树	16.53	19.05	22.54	19.37		
刺槐	16.53	23.81	16.90	19.18		
国槐	16.53	14.29	22.54	17.83		
枣树	4.13	23.81	9.86	12.73		
山杏	4.13	4.76	4.23	4.37		
桑树	4.13	4.76	4.23	4.37		

2）主要植物群落及分布。实验区主要陆生植物群落有:芦苇群落、盐地碱蓬群落、盐地碱蓬－盐角草群落、芦苇－黄花蒿－獐毛群落、芦苇－獐毛－二色补血草群落、芦苇－碱

蓬－猪毛蒿群落、芦苇－碱蓬－獐毛群落、柽柳－狗尾草群落。

实验区主要水生植物群落为：角果藻群落、狐尾藻群落。

实验区主要植物、植物群落分布情况见附图 I 图 3 所示。

（2）沙井子水库

1）植物多样性分析。天津北大港湿地沙井子水库区域内共有野生植物 71 种，占天津植物区系的 5.22%（天津市高等植物共 1 359 种）。芦苇的重要值约为 46.97，是区域内最高的。狗尾草、獐毛的重要值分别约为 10.95、8.87，也属于区域内的优势物种。

在灌木植被样方的多样性分析中，由表 3-2-9 可知，沙井子水库区域内的灌木只有柽柳和紫穗槐两种，其中柽柳为优势种，重要值约为 63.83，说明柽柳更能适应该区域的生长环境。在灌木样方中，常伴生有狗尾草、虎尾草、芦苇、碱蓬、鹅绒藤等草本植物。

表 3-2-9　北大港湿地沙井子水库灌木植被特征分析

植物名称	相对密度	相对盖度	相对高度	重要值	多样性指数	
					香农－威纳指数	辛普森指数
柽柳	72.73	68.75	50.00	63.83	0.59	0.4
紫穗槐	27.27	31.25	50.00	36.17		

在乔木植被样方的多样性分析中，由表 3-2-10 可知，该区域内的乔木只有 4 种，其中以刺槐和山杨为优势种。在乔木群落中，常伴生芦苇、狗尾草、碱蓬、鹅绒藤等植物。

表 3-2-10　北大港湿地沙井子水库乔木植被特征分析

植物名称	相对显著度	相对密度	相对高度	重要值	多样性指数	
					香农－威纳指数	辛普森指数
刺槐	39.27	69.64	20.00	42.97	0.79	0.45
山杨	51.05	25.00	42.86	39.64		
白蜡	19.63	2.68	20.00	14.10		
榆树	7.85	2.68	17.14	9.23		

2）主要植物群落及分布。沙井子水库主要陆生植物群落为：芦苇群落、牵牛群落、芦苇－猪毛蒿－狗尾草－獐毛群落、芦苇－山莴苣－狗尾草群落、芦苇－碱蓬群落、狗尾草－虎尾草群落。

沙井子水库主要植物、植物群落分布情况见附图 I 图 4。

（3）捷地减河

1）植物多样性分析。天津北大港湿地捷地减河区域内共有野生植物 83 种，占天津植物区系的 6.11%（天津市高等植物共 1 359 种）。该区域的植物种类与核心区独流减河与北大港水库实验区相比要少，芦苇的重要值约为 44.64，是区域内最高的。碱蓬、狗尾草的重要值分别约为 9.55、9.01，也属于区域内的优势物种。此外，虎尾草、獐毛、猪毛蒿、盐地碱蓬、牵牛、黄花蒿等植物,也属于区内的优势物种,这些植物在捷地减河中的地位和作用与碱蓬、狗尾草相比,有所下降,但并不是很明显。这些优势种主要分布在沼泽地附近、堤岸边、河漫滩、路边等地。

在灌木植被样方的多样性分析中,由表3-2-11可知,捷地减河区域内的灌木有紫穗槐、柽柳和酸枣3种,这3种植物的重要值相差不大,分别为36.52、33.49、30.22,说明这3种植物在该区域均能良好生长,具有相同的地位和作用。在灌木群落中,常伴生有芦苇、狗尾草、虎尾草、猪毛蒿、鹅绒藤等草本植物。

表 3-2-11　天津北大港湿地捷地减河灌木植被特征分析

植物名称	相对密度	相对盖度	相对高度	重要值	多样性指数	
					香农－威纳指数	辛普森指数
紫穗槐	27.27	43.40	38.89	36.52		
柽柳	18.18	43.40	38.89	33.49	0.99	0.60
酸枣	54.55	13.89	22.22	30.22		

在乔木植被样方的多样性分析中,由表3-2-12可知,该区域内的乔木只有4种,其中榆树和桑树的重要值相同,与其他乔木相比,具有较强的生长优势。乔木常与狗尾草、碱蓬、虎尾草、牵牛等草本植物相伴而生,共同构成具有明显层次结构的植物群落。

表 3-2-12　天津北大港湿地捷地减河乔木植被特征分析

植物名称	相对显著度	相对密度	相对高度	重要值	多样性指数	
					香农－威纳指数	辛普森指数
榆树	39.27	25.00	27.59	30.62		
桑树	39.27	25.00	27.59	30.62		
白蜡	9.82	37.50	24.14	23.82	1.32	0.72
刺槐	9.82	12.50	20.69	14.34		

2)主要植物群落及分布。捷地减河主要陆生植物群落为:芦苇－碱蓬－狗尾草群落、酸枣－狗尾草－虎尾草群落。

捷地减河主要植物、植物群落分布情况见附图Ⅰ图5。

(4)钱圈水库

1)植物多样性分析。天津北大港湿地钱圈水库区域内共有野生植物71种,占天津植物区系的5.22%(天津市高等植物共1 359种)。芦苇的重要值约为53.83,是区域内最高的。芦竹、碱蓬的重要值分别约为5.22、5.15,也属于区域内的优势物种。此外,狗尾草、虎尾草、獐毛、盐地碱蓬、牵牛、猪毛蒿、圆叶牵牛等植物,也属于区内的优势物种,主要分布在沼泽地附近、堤岸边、河漫滩、路边等地。

在灌木植被样方的多样性分析中,由表3-2-13可知,钱圈水库区域内的灌木有紫穗槐和柽柳两种,重要值分别约为 52.24、47.76,紫穗槐较占优势,更能适应该区域的生长环境,具有较高的地位和作用。在灌木群落中,常伴生有芦苇、狗尾草、虎尾草、碱蓬等草本植物。

表 3-2-13　北大港湿地钱圈水库灌木植被特征分析

植物名称	相对密度	相对盖度	相对高度	重要值	多样性指数	
					香农 - 威纳指数	辛普森指数
紫穗槐	33.33	66.25	57.14	52.24	0.64	0.44
柽柳	66.67	33.75	42.86	47.76		

在乔木植被样方的多样性分析中,由表 3-2-14 可知,该区域内的乔木只有 3 种,而且 3 种树种的重要值相差不大,说明这 3 种树种均能在该区域良好生长,具有相同的地位和作用。在乔木群落中,常伴生有芦苇、狗尾草、虎尾草、碱蓬、牵牛、猪毛蒿等草本植物。

表 3-2-14　北大港湿地钱圈水库乔木植被特征分析

植物名称	相对显著度	相对密度	相对高度	重要值	多样性指数	
					香农 - 威纳指数	辛普森指数
榆树	35.34	46.67	33.33	38.45	1.04	0.63
桑树	35.34	33.33	33.33	34.00		
刺槐	35.34	20.00	33.33	29.56		

2) 主要植物群落及分布。钱圈水库主要陆生植物群落为:芦苇 - 芦竹群落、芦苇 - 碱蓬群落。

钱圈水库主要植物、植物群落分布情况见附图 Ⅰ 图 6。

3.2.2.3　保护区植物区系组成

本次调查对北大港湿地自然保护区的核心区、缓冲区、实验区进行全面系统的野外考察,结果为天津北大港湿地自然保护区维管植物有 174 种,分属于 51 科 131 属,其中木本植物 26 种、草本植物 148 种;野生植物 153 种、人工栽植植物 21 种。该保护区内草本植物占绝对优势,木本的乔木、灌木极少。人工栽植植物主要分布于保护区水务管理区域,主要有碧桃、石榴、紫薇、国槐等,对保护区起到防护和提升景观的作用。人工栽植植物还包括玉米、花生、大葱、枣树等经济作物,主要分布在保护区的核心区、实验区,这增加了自然保护区的人为干扰。

1. 各科组成统计分析

北大港湿地自然保护区维管植物中,含 6~15 种以上的科有 5 个,占本区植物科数的 9.81%,所含属数比例达 42.75%,种数达 44.83%,构成保护区内植物组成的主体。含 2~5 种的科有 17 个,区域性的单种科数目达 29 个之多,所含种数仅占保护区内植物种数的 19.54%,对植物组成贡献较小。具体统计情况见表 3-2-15。

表 3-2-15　保护区植物科统计分析

含种数	科数	占总数比例 /%	属数	占总数比例 /%	种数	占总数比例 /%
6~15 种	5	9.81	56	42.75	78	44.83
2~5 种	17	33.33	46	35.11	62	35.63
1 种	29	56.86	29	22.14	34	19.54
合计	51	100.0	131	100.0	174	100.0

　　对保护区内各科植物按照所包含种数的不同进行分类,分类情况见表 3-2-16,保护区内对植物组成贡献最大的是菊科,含 6 个种以上的科依次为菊科、禾本科、藜科、十字花科、豆科植物,在区域植被中发挥着重要作用。这些科的植物种类有芦苇、盐地碱蓬、碱蓬、狗尾草、獐毛、猪毛蒿、碱菀、刺儿菜、山莴苣、牵牛、旋覆花等,同时它们也为该区域的建群种。寡种科和单种科则是构成保护区内植物多样性的主要成分,本次对北大港湿地植被调查过程中,发现了齿裂大戟、背扁膨果豆、小花山桃草 3 个物种,2004 年出版的《天津植物志》未有收录,通过此次科考确认,3 个物种在天津有分布。

　　从科的统计分析还可以看出,本区维管植物既有菊科、禾本科、豆科等一些世界性大科集中的倾向,同时又有向寡种科和单种科分散的趋向。

表 3-2-16　各科植物分类

	科名
大科(6~15 种)	藜、十字花、豆、菊、禾本
寡种科(2~5 种)	杨柳、桑、蓼、蔷薇、蒺藜、大戟、锦葵、伞形、萝藦、旋花、紫草、唇形、茄、玄参、葫芦、眼子菜、莎草
1 种科	榆、苋、马齿苋、石竹、金鱼藻、酢浆草、苦木、楝、无患子、鼠李、柽柳、堇菜、千屈菜、石榴、柳叶菜、小二仙草、报春花、蓝雪、木樨、夹竹桃、马鞭草、紫薇、胡麻、车前、茜草、香蒲、灯心草、百合、鸢尾

　　将保护区内前 7 个优势科植物与天津市前 7 个优势科植物进行比较,详见表 3-2-17。保护区内优势植物前 7 科中有 4 科与天津市优势科植物保持一致,藜科、蓼科、苋科代替了天津市优势植物中的百合科、蔷薇科、唇形科。总体而言,北大港湿地自然保护区内植物各科构成与天津市植物整体构成保持了较高的一致性。

表 3-2-17　保护区与天津市优势科植物比较

北大港湿地自然保护区				天津市			
排名	科名	种	占当地总数比例 /%	排名	科名	种	占天津总数比例 /%
1	菊	28	16.09	1	菊	142	10.45
2	禾本	18	10.34	2	禾本	94	6.92
3	豆	12	6.90	3	豆	86	6.33

北大港湿地自然保护区				天津市			
排名	科名	种	占当地总数比例 /%	排名	科名	种	占天津总数比例 /%
4	藜	11	6.32	4	百合	58	4.27
5	蓼	9	5.17	5	十字花	57	4.19
5	十字花	9	5.17	5	蔷薇	57	4.19
6	苋	4	2.30	6	唇形	32	2.35

2. 各属组成统计分析

从属的统计分析来看,本区 5~7 种的属只有 2 属,含 13 种,分别占属、种数的 1.53% 和 7.47%;含 2~4 种的寡种属构成区域植物种组成的基础,共 24 属 56 种,占保护区内总属、种数的 18.32% 和 32.18%。含 1 种的单种属共 105 属,占保护区内总属数的 80.15%,构成保护区内植物属的主体(详见表 3-2-18)。

表 3-2-18　植物属统计分析

含种数	属数	占总属数的比例 /%	种数	占总种数的比例 /%
5~7 种	2	1.53	13	7.47
2~4 种	24	18.32	56	32.18
1 种	105	80.15	105	60.35
合计	131	100.0	174	100.0

3.2.2.4　天津北大港湿地植物区系地理成分分析

1. 北大港湿地植物科的分布区类型

北大港湿地植物共有 51 科,按照“中国种子植物科分布区类型方案”,共有 8 个科分布区类型。

2. 北大港湿地植物科的分布区类型分析

通过统计分析,8 个科分布区类型中,世界分布 34 科,占湿地总科数的 66.67 %;泛热带分布 10 科,占湿地总科数的 19.61%;热带亚洲－热带非洲－热带美洲分布 1 科,占湿地总科数的 1.96%;东亚及热带南美间断分布 1 科,占湿地总科数的 1.96%;北温带分布 2 科,占湿地总科数的 3.92%;热带印度至华南分布 1 科,占湿地总科数的 1.96%;北温带和南温带间断分布 1 科,占湿地总科数的 1.96%;地中海区、西亚至中亚分布 1 科,占湿地总科数的 1.96%,见表 3-2-19。

表 3-2-19　北大港湿地植物科的分布区类型结构

分布区类型编号	分布区类型	科数	比例 /%
1	世界分布	34	66.67
2	泛热带分布	10	19.61

分布区类型编号	分布区类型	科数	比例 /%
2-2	热带亚洲 - 热带非洲 - 热带美洲分布	1	1.96
3	东亚及热带南美间断分布	1	1.96
7-2	热带印度至华南分布	1	1.96
8	北温带分布	2	3.92
8-4	北温带和南温带间断分布	1	1.96
12	地中海区、西亚至中亚分布	1	1.96
合计		51	100.00

3. 北大港湿地植物属的分布区类型

北大港湿地植物共有 131 属,按照《中国种子植物属的分布区类型和变型》方案(吴征镒,1991),北大港湿地自然保护区内属的分布区类型包括了我国全部 14 个属分布区类型。

4. 北大港植物属的地理分布型分析

北大港湿地植物属在 14 个属分布区类型中,世界分布 31 属,占湿地总属数的 23.66%;泛热带分布及其变型 22 属,占湿地总属数的 16.79%;热带亚洲和热带美洲间断分布 3 属,占湿地总属数的 2.29%;旧世界热带分布及其变型 3 属,占湿地总属数的 2.29%;热带亚洲至热带大洋洲分布及其变型 3 属,占湿地总属数的 2.29%;热带亚洲至热带非洲分布及其变型 2 属,占湿地总属数的 1.53%;热带亚洲及其变型 1 属,占湿地总属数的 0.76%;北温带分布及其变型 25 属,占湿地总属数的 19.09%;东亚和北美洲间断分布及其变型 6 属,占湿地总属数的 4.58%;旧世界温带分布及其变型 14 属,占湿地总属数的 10.69%;温带亚洲分布 7 属,占湿地总属数的 5.34%;地中海区、西亚至中亚分布及其变型 5 属,占湿地总属数的 3.82%;中亚分布及其变型 2 属,占湿地总属数的 1.53%;东亚分布及其变型 7 属,占湿地总属数的 5.34%,详见表 3-2-20。

表 3-2-20　北大港湿地种子植物属的分布区类型分析与比较

序号	分布类型	北大港湿地自然保护区	
		属数	比例 /%
1	世界分布	31	23.66
2	泛热带分布及其变型	22	16.79
3	热带亚洲和热带美洲间断分布	3	2.29
4	旧世界热带分布及其变型	3	2.29
5	热带亚洲至热带大洋洲分布及其变型	3	2.29
6	热带亚洲至热带非洲分布及其变型	2	1.53
7	热带亚洲及其变型	1	0.76
8	北温带分布及其变型	25	19.09
9	东亚和北美洲间断分布及其变型	6	4.58

序号	分布类型	北大港湿地自然保护区	
		属数	比例 /%
10	旧世界温带分布及其变型	14	10.69
11	温带亚洲分布	7	5.34
12	地中海区、西亚至中亚分布及其变型	5	3.82
13	中亚分布及其变型	2	1.53
14	东亚分布及其变型	7	5.34
合计	合计	131	100.00

5. 北大港湿地植物区系特点

（1）植物区系成分复杂多样

保护区内植物区系以世界分布、泛热带分布和北温带分布为主,兼有其他区系类型,地理成分多样,联系广泛。

北大港湿地保护区内的种子植物科的分布型包含我国 15 个分布类型中的 8 个,属的分布型包含了我国 15 个分布类型中的 14 个。

从科的水平上分析,保护区内数量最多的分布类型依次是世界分布,泛热带分布,北温带分布,热带亚洲－热带非洲－热带美洲分布,东亚及热带南美间断分布,热带印度至华南分布,北温带和南温带间断分布,地中海区、西亚至中亚分布。但在各组成类型中构成保护区植被组成主体的是世界分布型区,该分布型中包括的豆科、禾本科、十字花科、旋花科、藜科、蓼科等草本植物涵盖了保护区内的主要植被类型。

从属的水平上分析,在保护区内占比例最大的分布型分别是世界分布、北温带分布及其变型、泛热带分布及其变型、旧世界温带分布及其变型、东亚分布及其变型、温带亚洲分布、东亚和北美洲间断分布及其变型、地中海区、西亚至中亚分布及其变型、热带亚洲和热带美洲间断分布、旧世界热带分布及其变型、热带亚洲至热带大洋洲分布及其变型、热带亚洲至热带非洲分布及其变型、中亚分布及其变型、热带亚洲分布及其变型。

（2）优势种多、覆盖度大

湿地植被的植物种类除少数零散分布外,大多数均群聚在一起,成片生长,最典型的种类如芦苇、香蒲属植物以及沉水植物如狐尾藻、角果藻、篦齿眼子菜、菹草、金鱼藻属等,它们在湿地中生长繁育很快,群集度很高,分布广,产量高,覆盖度大,芦苇的覆盖度有时可高达90%,香蒲属、金鱼藻属等的覆盖度有时也可达 50% 以上,并组成以本身为优势种或次优势种的植物群落。在摞荒地和沼泽地附近、堤岸边、河漫滩等地,也常有很多种类如猪毛菜、地肤、反枝苋、白茅、牛鞭草、稗属、狗尾草属、茼麻、曼陀罗、益母草、罗布麻、刺儿菜、圆叶牵牛、葎草等,常以单种群集在一起,形成较大面积的分布,覆盖度达 50%~80%。另外,如山莴苣、苣荬菜等,在低洼地中很少单种群集,常形成较密的单株散生,这些植物资源集中分布,为资源的开发利用提供了便利的条件。

（3）草本植物占绝对优势,盐生湿地植物分布面积较大

在植被组成中,北大港湿地以一年生的草本植物物种数量占据绝对优势,如芦苇、盐地碱蓬、碱蓬、盐角草等植物。盐生湿地植物的生长与湿地的水资源状况有着直接的关系。

（4）湿地植物生长的季节性特征明显

由于气候的原因,第一季度北大港湿地绝大部分时间为冰冻期,基本没有植物生长。第二季度植物的生长季开始,由于此时湿地生境具有充足的生长空间和有利的光照条件,许多物种在此时均能够很好地生长,此时的物种多样性和丰富度往往很大。第三季度,由于充足的水分补充,芦苇、香蒲、盐地碱蓬、碱蓬、盐角草等湿地的主要建群种快速生长,使得在第二季度生长良好的灰绿藜、打碗花等旱生入侵植物失去足够的光照条件而衰退,甚至死亡,重要值下降。进入第四季度后,因为湿地植物比旱生植物的生长季长,特别是10月下旬以后,大部分植物停止生长或死亡,而此时芦苇、香蒲等典型植物还能够保持一定程度的生长。此时湿地植被的典型特征最为明显。

（5）旱生植物入侵现象日益加重,所占比例不断增大

由于近现代以来北大港地区的湿地不断萎缩,湿地生境出现旱化迹象,湿地旱生植物入侵问题越来越严重。葎草等旱生入侵植物已经占据了湿地相当大的面积,并且正在不断地侵入湿地典型植物（如芦苇、莎草等湿地型植物）的领地。湿地出现由湿生植物群落向旱生植物群落演替的逆向演替现象。由于湿地生境旱化和人类活动对湿地原生植被的破坏,导致湿地植物结构不稳定,湿地原生植物种类和分布面积减少,这也是湿地旱生植物所占比例不断增大的主要原因。

3.2.2.6　天津植物新记录

本次在对北大港湿地植被的调查过程中,调查人员发现了齿裂大戟、背扁膨果豆、小花山桃草3个物种,《天津植物志》未有收录,均认为3个物种在天津没有分布,通过此次科考确认3个物种在天津有分布。

1. 背扁膨果豆 *Phyllolobium chinense* Fisch.ex DC.

分类:豆科黄耆属。

形态特征:多年生草本,具粗而长的主根。茎有棱,通常平卧。其有奇数羽状复叶,具6~9对小叶;小叶椭圆形或卵状椭圆形,先端钝或圆、微凹,全缘,表面无毛,背面密被短伏毛。总状花序腋生,萼钟形,旗瓣近圆形,顶端深凹,基部有短爪,龙骨瓣梢短或有时近等长,翼瓣比龙骨瓣短且狭窄。子房长圆形,密被毛,有柄,花柱弯曲,柱头生有画笔状髯毛。荚果纺锤状或长圆状,长25~35 mm,较膨胀,腹背压扁,顶端具小尖喙,基部有短柄,表面被短毛,成熟后变黑色。花期为8—9月,果期为9—10月。

生境分布:分布于北大港湿地核心区杂草丛中。

样方位置:38° 74′ 33.50″ N ,117° 25′ 81.59″ E。

2. 齿裂大戟 *Euphorbia donii* Oudejans.

分类:大戟科大戟属。

形态特征:一年生草本,茎单一或丛生,上部多分枝,全株无毛。叶互生,长椭圆形,长

4~7 cm,叶柄近无;花序单生于二歧分枝顶部,总苞狭钟状。雄花多枚,明显伸出总苞之外;雌花 1 枚,子房柄伸出总苞边缘达 4 mm;子房光滑,无毛;花柱中部以下合生;柱头 2 裂。蒴果卵球状,种子卵球状,长约 3 mm,直径约 2 mm,暗褐色。

生境分布:原产北美,为外来入侵植物,分布于北大港湿地核心区路旁。

样方位置: 38° 77′ 98.38″ N,117° 26′ 86.32″ E。

3. 小花山桃草 *Gaura parviflora* Dougl.

分类:柳叶菜科山桃草属。

形态特征:一年生草本;茎直立,不分枝,或在顶部花序之下少数分枝,高 50~100 cm。基生叶宽倒披针形,茎生叶狭椭圆形、长圆状卵形,花序穗状,花瓣白色,以后变红色。蒴果坚果状,纺锤形,长 5~10 mm,径 1.5~3 mm,具不明显 4 棱。花期为 7—8 月,果期为 8—9 月。

地理分布:分布于北大港湿地核心区路旁。

样方位置: 38° 71′ 72.34″ N,117° 25′ 26.45″ E。

3.2.2.7　天津北大港湿地植物分布新地点

1. 杠柳 *Periploca sepium* Bunge.

分类:萝藦科杠柳属。

别称:山五加皮、香加皮、北五加皮。

形态特征:落叶蔓性灌木。主根圆柱状,外皮灰棕色,内皮浅黄色,具乳汁。叶卵状长圆形,叶面深绿色,叶背淡绿色。聚伞花序腋生,花萼裂片卵圆形,花冠紫红色;雄蕊着生在副花冠内面,并与其合生。蓇葖黑褐色,顶端具白色绢质种毛,种毛长 3 cm。花期为 5—6 月,果期为 7—9 月。

该种在《中国湿地资源　天津卷》的湿地植物名录中没有记载,调查发现该物种分布于北大港湿地缓冲区李二湾,具体位置为 38° 65′ 62.55″ N ,117° 50′ 70.80″ E。

2. 北鱼黄草 *Merremia sibirica*(L.)Hall. F.

分类:旋花科鱼黄草属。

别称:西伯利亚鱼黄草、钻之灵。

形态特征:缠绕草本,植株各部分近于无毛。茎圆柱状。叶卵状心形,顶端长渐尖或尾状渐尖,基部心形,全缘或稍呈波状。聚伞花序腋生,苞片小,线形;萼片椭圆形,近于相等,长 0.5~0.7 cm,顶端明显具钻状短尖头,无毛;花冠淡红色,钟状,长 1.2~1.9 cm,无毛。蒴果近球形,顶端圆,高 5~7 mm,无毛, 4 瓣裂。种子较少,黑色,椭圆状三棱形,顶端钝圆,长 3~4 mm,无毛。花果期在夏、秋季。

该种在《中国湿地资源　天津卷》湿地植物名录中没有记载。调查发现该种分布于核心区路旁,样方位置为 38° 68′ 52.25″ N ,117° 33′ 77.32″。

3. 芦竹 *Arundo donax* L.

分类:禾本科芦竹属。

形态特征:多年生,具发达根状茎。秆粗大直立,高 3~6 m。叶鞘长于节间,无毛或颈部具长柔毛;叶舌平截,先端具纤毛;叶片扁平,上面与边缘微粗糙,基部白色,抱茎。圆锥花序长 30~60 cm,分枝稠密,斜升。外稃中脉延伸成长 1~2 mm 芒,背面中部以下密生长柔毛,毛长 5~7 mm,基盘长约 0.5 mm,两侧上部具柔毛,第一外稃长约 1 cm;内稃长约为外稃之半。颖果细小黑色。

该种在《中国湿地资源 天津卷》湿地植物名录中没有记载。调查发现该种分布于钱圈水库和李二湾,并成为单种优势群落,从而增加了该种在天津滨海湿地的天然分布范围。样方位置为 38° 77′ 67.34″ N,117° 23′ 80.51″ E。

3.2.2.8　濒危物种

北大港湿地的濒危物种有野大豆(*Glycine soja* Sieb. et Zucc.)。

野大豆为国家 Ⅱ 级保护植物,是重要的抗盐种质资源和基因库,是当前国内外研究遗传育种的重要种质资源。野大豆是栽培大豆的近缘野生种,是栽培大豆育种的重要种质资源,伴生种主要有榆树、苘麻、苣荬菜、狗尾草、虎尾草、马唐等。其分布于北大港湿地核心区、缓冲区、独流减河与北大港水库实验区、捷地减河道路两侧及杂草丛中。样方位置为 38° 73′ 85.51″ N, 117° 47′ 23.21″ E。

第 4 章 保护区动物资源调查

4.1 鸟类资源调查

4.1.1 调查时间与内容

北大港湿地生态系统基本处于自然和半自然状态,生境类型多样,有大面积的芦苇沼泽、浅滩、水塘、堤岸草丛及防护林带等,其独特的地理环境和优良的水质为多种鸟类提供了适宜的栖息环境。本次鸟类调查工作从 2014 年 1 月开始至 2017 年 12 月,在鸟类迁徙季节(4—5 月, 10—11 月),每周调查 1 次,每次 2 天,观测时间为早上和下午;其他月份(6—9月,12—3 月),每月调查 2 次,每次 2 天。

4.1.2 调查方法

本次调查采用样线法和样点法相结合的形式进行。样线法是观察者沿着固定的调查线路移动,并记录所经过样线两侧鸟类的种类和数量。

样点法是在一定时间内,在固定的观测点进行观察计数。观测点一共有 8 个,其中在独流减河有 2 处、北大港水库有 1 处、钱圈水库有 1 处、沙井子水库有 1 处、李二湾有 4 处、沿海滩涂有 1 处。固定样线包括北大港水库沿水库一周、钱圈水库沿库一周、独流减河宽河槽内道路、沿海滩涂海防路、李二湾区域南北两侧道路。调查人员用 8 倍、20 倍的双筒望远镜巡视,用 20~60 倍的单筒望远镜仔细辨认鸟的种类,并借助照相机拍摄,对有疑问的种类,带回拍摄资料进行鉴定核对。鸟的种类依据郑光美的《中国鸟类分类与分布名录》记述。其中水鸟根据《关于特别是作为水禽栖息地的国际重要湿地公约》中水鸟的定义进行确定,即在生态上依存于湿地的鸟类。

4.1.3 调查结果与分析

4.1.3.1 种类组成

北大港湿地是东亚—澳大利西亚鸟类迁徙路线上的一个驿站,属我国生物多样性最丰富的地区之一,每年都有大批水鸟经此地迁徙、繁衍。结合本次调查与以往调查记录,北大港湿地自然保护区共记录有鸟类 249 种,其中,国家Ⅰ级保护鸟类 11 种,分别为黑鹳、东方白鹳、中华秋沙鸭、白尾海雕、白肩雕、金雕、白鹤、白头鹤、丹顶鹤、大鸨、遗鸥;国家Ⅱ级保护鸟类 38 种,分别是赤颈䴙䴘、角䴙䴘、卷羽鹈鹕、黄嘴白鹭、白琵鹭、黑脸琵鹭、疣鼻天鹅、大天鹅、小天鹅、白额雁、鸳鸯、鹗、黑翅鸢、黑鸢、白腹鹞、白尾鹞、鹊鹞、雀鹰、普通鵟、大鵟、毛脚鵟、乌雕、红隼、红脚隼、灰背隼、燕隼、游隼、白枕鹤、灰鹤、红角鸮、纵纹腹小鸮、长耳鸮、短耳鸮、东方角鸮、彩鹮、凤头蜂鹰、日本松雀鹰、小杓鹬。在《IUCN 濒危物种红色名录》中，保护区鸟类中的全球极危物种（Critically Endangered，CR）有 2 种，为青头潜鸭、白鹤；全球濒危物种（Endangered，EN）有 5 种，为东方白鹳、黑脸琵鹭、中华秋沙鸭、丹顶鹤、黄胸鹀；全球易危物种（Vulnerable，VU）有 14 种，为卷羽鹈鹕、黄嘴白鹭、鸿雁、小白额雁、长尾鸭、乌雕、白肩雕、白枕鹤、白头鹤、大鸨、大杓鹬、大滨鹬、黑嘴鸥、遗鸥；全球近危物种（Near Threatened，NT）有 9 种，为罗纹鸭、白眼潜鸭、日本鹌鹑、半蹼鹬、黑尾塍鹬、白腰杓鹬、震旦鸦雀、红颈苇鹀、小红鹳。

在保护区鸟类组成中，雀形目鸟类有 70 种，占保护区鸟类总种数的 28.11%，雀形目鸟多是保护区的一大特点。其次是鸻形目，有鸟类 62 种，占保护区鸟类总种数的 24.9%，其次为雁形目，有鸟类 36 种，占保护区鸟类总种数的 14.46%。保护区鸟类组成分析见表 4-1-1。

表 4-1-1　保护区鸟类组成分析

目	科数	所占比例 %	种数	所占比例 %
䴙䴘目	1	2.08	5	2.01
鹲形目	2	4.18	2	0.80
鹳形目	3	6.25	18	7.24
雁形目	1	2.08	36	14.46
隼形目	3	6.25	21	8.43
鸡形目	1	2.08	2	0.80
鹤形目	3	6.25	13	5.22
鸻形目	8	16.68	62	24.90
鸽形目	1	2.08	3	1.20
鹃形目	1	2.08	2	0.80
鸮形目	1	2.08	5	2.01
夜鹰目	1	2.08	1	0.40
雨燕目	1	2.08	1	0.40
佛法僧目	1	2.08	2	0.80
戴胜目	1	2.08	1	0.40
䴕形目	1	2.08	4	1.61
雀形目	17	35.43	70	28.12
火烈鸟目	1	2.08	1	0.40
合计	48	100.00	249	100.00

4.1.3.2　区系特征

在保护地调查到的鸟类中，有古北界鸟类 125 种、东洋界鸟类 99 种、广布种鸟类 25 种。古北界鸟类最多，占 50.20%，鸟类组成表现出显著的古北界特征。典型的古北界鸟类有东方白鹳、大天鹅等。东洋界种类也占较大比例，为 39.76%，代表种有苍鹭、大白鹭、大杜鹃等。广布种鸟类占比较少,为 10.04%。

4.1.3.3　居留情况

在本地区的鸟类中,有旅鸟 142 种、夏候鸟 24 种、冬候鸟 3 种、留鸟 19 种,另有 1 种部分留鸟部分旅鸟、36 种部分旅鸟部分夏候鸟、9 种部分夏候鸟部分冬候鸟部分旅鸟、15 种部分冬候鸟部分旅鸟,可见保护区鸟类以旅鸟为主,说明天津北大港湿地自然保护区位于鸟类迁徙的通道上,是鸟类南迁北移的重要中转站。鸟类组成具有较大的季节性波动,夏候鸟种类也较多,说明此处栖息环境较好,适合鸟类的繁殖。

4.1.3.4　不同生态环境中鸟的种类分布

北大港湿地自然保护区地处水陆地带,主要有水库、鱼塘、芦苇沼泽及淡水河流、排水沟渠、农田及稀疏灌丛。

芦苇是保护区内最主要的一种植被,无论从分布面积还是生长数量上,都占有一定的优势。芦苇沼泽中植物生长旺盛,人类活动难以深入,为鸟类的繁殖提供了宁静多样的栖息环境,是许多鸟类的重要栖息地。在春季的浅水芦苇沼泽中,有大量的鸭类、鸥类、鹭类及国家保护的东方白鹳、白枕鹤等鸟类栖息。夏季此处更是繁殖鸟的天堂,如斑嘴鸭、东方大苇莺等,鱼虾池、沟渠、池塘、水库为鸥类、雁鸭类提供了良好的栖息环境,红嘴鸥、银鸥、绿头鸭、斑嘴鸭、凤头䴙䴘数量较多。农田主要的农作物是冬小麦、大豆、玉米、高粱等,一些常见种及部分猛禽栖息于此。

保护区分布的水鸟中种类较多的是鸭科、鹭科、鹬科、鸻科和鸥科,其次为䴙䴘类、秧鸡类、鸬鹚等;栖息于开阔水域的是鸭科、鸥科、䴙䴘类等,鹭科、鹬科鸟类多栖息于浅水芦苇沼泽,鸻科鸟一般在滩涂活动。不同种类的鸟分别占有不同的生态位。鹬类活动于有芦苇的浅水处,鹭类一般取食低于 15 cm 的水深带,鸻类一般在滩涂、泥滩、沙滩等地觅食。大量的经济开发使湖岸、缓坡减少,不利于涉禽生长,调查人员只是在鱼塘出鱼后露出的泥滩上发现鸻鹬类大量出现,鸥类也在上面集中觅食;鸭类、鸥类多在开阔水域活动;鱼塘有利于鸥类和鸬鹚的生存,但对于鸻鹬类等涉禽不利。

4.1.4　重要物种的生物学特性

小䴙䴘 *Tachybaptus ruficollis*

其为小型游禽,身体短胖,嘴裂和眼乳黄色,头顶黑色、颈背、上体羽暗褐色,颊、喉及前颈、颈侧栗红色;下体色浅,偏灰白色,嘴基有明显黄斑,尾短小。非繁殖期其上体灰褐,下体白,喉、前颈具淡黄色。嘴黑色,脚石板灰色,虹膜黄色。其食物主要是鱼、虾、水生昆虫、蛙类等,也吃少量植物,吃较大的鱼时,分几次吞下;受惊吓时游向苇丛或马上潜入水中,历时数分钟后再于附近浮出水面,有时它沉入水中,仅露嘴、眼在水面,状如鳖,故有“王八鸭子”之称。在保护区其为夏候鸟和旅鸟,春季 3 月末—4 月初可见数量较大的群体迁至此。夏候小䴙䴘 5 月初迁来,栖息在苇塘及有芦苇、香蒲的养鱼池中,选择芦苇密集处筑巢,其巢穴为浮巢,由芦苇和草交错堆垒而成,内铺羽毛和水草等,结构非常简陋;巢随水面上升而上浮。其每次产卵 4~6 枚,雌雄鸟交替孵卵,孵化日期为 23~28 d。初出壳雏鸟尾随亲鸟身后活动于芦苇丛中,雏鸟有黄黑斑,腹白,后变成焦黄色,直至 11 月,随亲鸟迁离。

凤头鸊鷉 *Podiceps cristatus*

其为中型游禽,颈长,向上伸直与水面保持垂直姿势;具有显著的黑色冠羽,上体灰褐,繁殖期颈部有环形皱领,基部栗色,端部为黑色,肩羽和次级飞羽白色,飞行时极明显;非繁殖期冠羽短,皱领消失,额、头顶、后颈和上体黑褐色,头侧、颈侧、喉、前颈和下体均为白色;嘴黄色,长而直,虹膜红色。其善游泳和潜水,游泳时颈向上伸直;活动时频频潜水,主要以各种鱼类为食,也吃昆虫、水生无脊椎动物和少量植物。其为旅鸟,春秋季在上马台水库和较大鱼池数量较多。

苍鹭 *Ardea cinerea*

其为大型涉禽,身体细长,长颈、长嘴、长腿,上体浅灰色,头、颈及下体白色,胫的裸出部分较内趾长,飞行时黑色的翼明显。其食物以各种小鱼为主。它们多立于浅水边缘处,有时为小群体,有时成对活动,相距一定距离,彼此不干扰,静立水中,注视着水面,俗称“老等”。其饱食后缩颈至两肩间,把嘴伸在翼下,单腿或双腿站立,有时长达数小时之久;多晨昏活动,叫声粗而高;性极机警,受到惊扰立即飞起,飞行时颈缩成“乙”形,脚远远伸于尾后,两翅鼓动缓慢;迁徙期间结成大群。其为夏候鸟,繁殖期在 4—6 月,数量较多,春季浅水芦苇中较常见,夏季鱼池边缘的土埂上常见,迁走的时间也较晚。

草鹭 *Ardea purpurea*

其为大型涉禽,体羽以灰白和红褐色为主;头顶黑色,枕部具二道黑灰色的羽饰,颈细长、棕色,前颈有数条黑色斑点组成的纵纹;颈侧有从嘴角延伸下来的纵纹;上体深灰褐色,肩部杂有棕红色,初级飞羽黑色,胸和腹部中央铅灰黑色,两侧暗栗色,嘴黄褐色,长而尖,脚细长、黄褐色,虹膜黄色;喜生长于有大片芦苇和水生生物的水域。其单独或成对活动,白天尤其在晨昏,常在浅水边低头觅食,也长时间的单脚站立等候鱼群,行动缓慢,主要以小鱼、蛙、甲壳类等小动物为食,是夏候鸟。

大白鹭 *Egretta alba*

其为大型涉禽,也是最大的一种鹭类;全身纯白,嘴黑,颈长,具特别的扭结;脸部裸露皮肤蓝绿色,嘴角有条黑线到达眼后;肩背部和前颈下部有散生的蓑羽超出尾外,下腿淡红色,跗跖黑色;非繁殖期蓑羽脱落,脸部黄色,嘴黄而端部深色,腿脚黑色,虹膜黄色。其常单只或结成 10 余只的小群活动,白天活动,多在开阔鱼池附近的草地上活动,与人保持一定的距离,站立时头缩于肩背部,步行时亦缩着脖,缓慢地一步一步地前进,飞行时颈部缩成“S”形,两腿后伸。其主要以昆虫、小鱼、虾等为食,是旅鸟。

白鹭 *Egretta garzetta*

其为中型涉禽,嘴、颈、腿均长,全身白色,脸部裸露皮肤黄绿色;繁殖期颈背长有二根细长而柔软的矛状饰羽,后背和前胸亦长有蓑羽,脸部为淡粉色;嘴黑色,腿黑色,趾黄色,虹膜黄色。其喜集群,天亮后飞往觅食地,傍晚回到栖息地,常 3~5 只或 10 余只组成小群在水边觅食;飞行时头缩至肩背处,颈向下曲成袋状,两脚向后伸直。其性较大胆,不怕人;以各种小鱼、黄鳝、蛙及其他无脊椎动物为食,也吃少量植物,是夏候鸟,保护区秋季集群数量较大。

夜鹭 *Nycticorax nycticorax*

其为中型涉禽,头大而体胖、颈短,头颈至背黑绿色,具金属光泽,余部灰色;嘴长、尖,黑色,微向下曲,嘴上方额部有一圈淡黄白色;眼圈黑色;下体乳白色,枕部有 2~3 枚带状白色饰羽,下垂至背上,极为醒目;脚和趾黄色,胫裸出部分较少。幼鸟具褐色纵纹及点斑,喜结群。其主要以鱼、蛙、虾、水生昆虫等为食,为夏候鸟,每年春季的 2 月底或 3 月初迁来天津,8 月陆续迁走。保护区是夜鹭的觅食地,在芦苇丛中常见大片夜鹭。

黄斑苇鳽 *Ixobrychus sinensis*

其为小型涉禽,颈较长,胫下部和眼先裸出。雄鸟头顶黑色,后颈红棕色,后背黄褐色,下体和翅覆羽皮黄色,飞羽和尾羽黑色,飞行时黑色的尾羽与皮黄色的覆羽成强烈的对比,前颈、胸黄白色,颈基部有大型黑斑,腹部白色。雌鸟头顶为栗褐色,背和胸有褐色和暗褐色纵纹。幼鸟似成鸟,但全身褐色较深,并布满纵纹;嘴基角绿色,腿淡黄绿色,虹膜黄色。其喜栖息于有大片芦苇和蒲草等植物的沼泽,常沿沼泽地苇塘飞翔;较机警,遇敌害时,隐于草丛中一动不动;主要以小鱼、虾、昆虫等为食。其是保护区重要的夏候鸟,数量较多,繁殖期为 5—7 月,在苇丛中筑巢,巢呈圆盘状。

大麻鳽 *Botaurus stellaris*

其为中型涉禽,身体粗胖,额、头顶和枕部黑色,上体黄褐色,有波浪状的黑色斑纹,下体棕黄色,前颈和胸具棕色纵纹;嘴粗而尖,黄褐色,虹膜黄色,脚黄绿色。其栖息于水域附近的芦苇丛、灌丛及沼泽湿草地上,性不畏人,遇人时,嘴指向天空,颈部羽毛散开;白天隐藏于芦苇中,多在晚上活动,常单独站立于浅水中,静候食物,主要以鱼、虾等水生昆虫等为食。其为旅鸟、夏候鸟,5 月繁殖,营巢于芦苇沼泽中,数量较多。

东方白鹳 *Ciconia boyciana*

其为大型涉禽,全身几乎为白色,翅为黑色,飞行时黑色的翅与白色体羽成鲜明的对比;嘴粗、直、长,黑色,嘴基下部皮肤裸露为红色,有红眼圈,脚偏红色,虹膜粉白色。幼鸟体羽呈污黄色,飞羽呈褐色。其春季见于有水的芦苇浅水处,食物有鱼、蛙、小型啮齿类动物、软体动物、昆虫等,是旅鸟。

白琵鹭 *Platalea leucorodia*

其为大型涉禽,通体白色,飞羽先端为黑色;嘴长而扁,呈琵琶形,黑灰色而端发黄;头部裸露部位为黄色,腿黑色,虹膜暗黄色;繁殖期后枕部有长而呈发丝状的橙黄色冠羽,前颈下部具橙黄色环带。幼鸟嘴整体肉黄色,近基部加深,第 1 至第 4 枚初级飞羽有黑褐色端斑。其常成群活动,飞翔时,颈前伸,腿后伸,身体平直而微向上翘;休息时常在水边呈"一"字排开,长时间站立不动,将头插入肩羽中;主要以小型动物为食,偶尔吃少量植物,多在晨昏活动;为旅鸟,在春秋季均可见到,最大的群体有 25 只。

大天鹅 *Cygnus cygnus*

其为大型游禽,全身白色,嘴黑,基部黄色,向前延伸至鼻孔之下,腿黑色,脚黑色,虹膜暗褐色。幼鸟全身污白色,尤其头颈部羽色较暗,嘴部红斑沾淡红。其喜栖息于开阔的水域,善于游泳,游泳时颈向上伸直,姿态优雅,起飞时两翅不断拍打水面,两脚在水面奔跑一段距离后才能起飞,飞行时颈向前伸直,两脚伸至尾下。其常以家族为单位,结成小群活动;主要以水生植物为食,觅食时头常向下伸入水中,能挖掘污泥中的食物;为旅鸟,每年均能见到。

小天鹅 *Cygnus columbianus*

其为大型游禽,体型较大天鹅小,全身洁白,嘴黑,基部黄色延至鼻孔之下,腿、脚黑色,虹膜棕色。幼鸟全身灰褐色,嘴基粉红色,端黑色。其栖息于开阔的湖泊、水塘、沼泽、水流缓慢的河流中等;喜结小群或以家族群体活动,并常与另二种天鹅混在同一水面活动,以植物性食物为食;为旅鸟,每年均能见到。

白额雁 *Anser albifrons*

其为大型游禽,上体灰褐色,嘴粉红色,基部与前额间有一白色斑块环绕嘴基,白斑后缘黑色;尾羽黑褐色,具白色端斑,尾上及尾下覆羽白色;下体羽灰白色,杂有不规则的黑斑,两胁灰褐色;脚橘黄色,虹膜褐色。其常见于注水后的农田,主要以植物为食;为旅鸟,在秋季冬小麦蓄水的麦田里曾发现一只,是国家保护鸟类。

赤麻鸭 *Tadorna ferruginea*

其为中型游禽,全身黄褐色,头部色较淡,为棕白色。雄鸟在繁殖期颈基部有一窄的黑色领环,飞羽黑色,飞行时白色的翅上覆羽和铜绿色的翼镜非常明显,尾黑色,下体棕黄褐色。雌鸟色淡,颈基部无黑色领环;嘴黑色,脚黑色,虹膜褐色。其见于水库和水塘等地带,主要以水生植物为食,也吃一些小型动物;可以连续七八次头朝下、尾朝上从水底取食;多在晨昏活动;结群迁飞,常与其他水鸟混群,性胆小,人不易接近;是旅鸟、冬候鸟,常见,数量较多。

翘鼻麻鸭 *Tadorna tadorna*

其为中型游禽,雄鸟头颈、翅黑绿色,嘴上翘、红色,基部有一瘤状突起(繁殖期);下颈、背、腰全白色,肩羽和初级飞羽黑褐色,翅上形成明显的绿色翼镜;尾白色,末端有黑斑;胸至肩部有一环绕的栗色环带;腹、两胁白色,腹部中央有一纵黑褐色斑条,臀部微黄。雌鸟羽色较淡。幼鸟褐色斑驳,脚红色,爪黑,虹膜浅褐色。其栖息于上马台水库及清鱼后的沼泽地,常成对或小群活动,主要以动物性食物为食,为旅鸟,较常见。

绿翅鸭 *Anas crecca*

其为小型游禽,嘴较窄,但两边平行,黑灰色。雄鸟头深栗色,眼周及眼后有一宽的半圆形的绿色斑,一直延伸至颈侧,与另一侧相连于后颈基部;自嘴基部至绿斑两侧有窄的浅棕白色细纹,在头侧栗色与绿色之间形成一条醒目的分界线;背灰色,有暗色细纹,肩羽上有一条长的白色条纹,翼镜翠绿色,下体白色,胸部杂以黑色小圆点,两胁具黑白相间的虫囊状细斑;尾下覆羽近黑色,两侧各有一黄色三角形斑,极为醒目。雌鸟上体暗褐色,斑块状;有黑色贯眼纹,下体色淡。其喜集群,也和其他鸭类混群,主要以植物性食物为食,为旅鸟,数量较多。

绿头鸭 *Anas platyrhynchos*

其为较大型鸭类,雄鸟嘴黄色,头、上颈绿色,上体灰褐色,翅、两胁及腹部灰白色,腰暗褐色,尾上、尾下覆羽黑色,两对中央尾羽黑色,且向上卷曲成钩状,外侧尾羽白色;翼镜紫色,上下缘具宽的白边,飞行时极醒目,易与其他鸭类相区别;胸部栗色,颈与胸之间有一白色领环。雌鸟羽毛褐色,有棕黄、棕白羽缘;嘴黑褐色,嘴端暗棕黄色,脚橙黄色,虹膜褐色。其常集群,白天常在地面休息或在开阔水面上游泳,晨昏觅食,主要吃植物性食物,也吃小型动物,也常到农田觅食种子;常和其他鸭类混群,如斑嘴鸭、绿翅鸭等;是冬候鸟、旅鸟,是保护区中数量最多的鸭子之一。

斑嘴鸭 *Anas poecilorhyncha*

其为较大型鸭类,雌雄羽色相似;头顶黑色,脸至上颈、眼、眉纹、喉均为淡黄色,有黑色过眼纹;上体羽暗棕色,有淡色羽缘,飞羽棕褐色,翼镜紫色,后缘有黑边和白边;胸淡棕白色,有褐色斑纹,腹部褐色,羽缘灰褐色,尾下覆羽黑色;嘴黑色,先端黄色,脚橙黄色,虹膜褐色。其常成群活动,也常和其他鸭类混群;善游泳,有时将头反于背上,将嘴插于翅下,漂浮在水面上休息;晨昏活动、觅食,主要以植物性食物为食;为夏候鸟、旅鸟,是保护区中数量最多的鸭子之一。

红头潜鸭 *Aythya ferina*

其为中型游禽,雄鸟头颈红棕色,上体灰色,具褐色细斑,翼镜灰色,飞行时不明显,尾暗褐色;下体胸黑褐色,腹部及两胁灰白色,有斑纹,较上体色淡,臀部褐色,有细小斑点。雌鸟头颈棕褐色,脸部有浅色弧形图案,腹和两胁灰褐色,杂有浅色横斑;嘴淡蓝色,基部和端部黑色。雄鸟虹膜红色,雌鸟褐色,脚灰色。其常栖息于富有水生植物的开阔水域中,迁徙时常结成大群,也和其他鸭类混群;白天多漂浮在水面上睡觉,也成群在岸边休息;晨昏觅食,主要通过潜水取食,食物主要是植物;为夏候鸟、旅鸟,曾有较大群体出现。

普通秋沙鸭 *Mergus merganser*

其为秋沙鸭中个体最大的一种。雄鸟头和上颈黑褐色,有绿色金属光泽,枕部有短的黑褐色冠羽,背黑灰色,肩羽黑色,初级飞羽和覆羽黑色,有白色翼镜,腰和尾灰色;下颈、胸、体侧白色,腹部白色沾微黄。雌鸟头、颈棕褐色,喉白色,上体灰褐色,两胁灰色带斑纹,腹部白色沾微黄;嘴细长,红色,顶端有一向下的钩;虹膜褐色,脚红色。其喜栖息于开阔的水域中,成大群,游泳时颈伸得很直,善游泳和潜水,也能在地面上行走;为旅鸟,秋季集群数量很大。

鹗 *Pandion haliaetus*

其为中型猛禽,上体暗褐色,头白色,头顶具黑褐色纵纹,头侧有一条宽阔的黑带从前额基部经过眼到后颈,尾羽黑褐色,具白色端斑;下体白色,喉部微具细的暗褐色羽干纹,胸具赤褐色斑纹;虹膜淡黄色,嘴黑色,蜡膜铅蓝色,脚黄色,爪黑色。其见于上马台水库,有时在高空盘旋,也常停栖在水域中的木干上,主要以鱼为食;为旅鸟。

白尾鹞 *Circus cyaneus*

其为中型猛禽。雄鸟上体蓝灰色,头顶灰褐色,具暗色羽干纹,有皱领,翅尖黑色,尾上覆羽白色;下体白色,喉、胸蓝灰色。雌鸟上体暗褐色,下体皮黄色,杂以粗的红褐色和暗棕褐色纵纹;虹膜黄色,嘴黑色,基部蓝灰色,蜡膜黄绿色,脚黄色,爪黑色。其常沿芦苇上面低空飞行,捕食主要在地上,以小型鸟类、鼠类、大型昆虫等为食;为夏候鸟、旅鸟。

红隼 *Falco tinnunculus*

雄鸟头灰褐色,背和翅上覆羽棕红色,有三角形黑色斑点,腰、尾羽及尾上覆羽灰色,尾羽外侧有黑色细斑纹。雌鸟脸部偏灰黑色,眼下有一条垂直向下的黑色纹,体背红棕色,头部有黑褐色细纵纹,上体具黑褐色横纹,尾羽棕红色,12枚,具9~12道黑褐色横斑纹,末端白色,具很宽的黑色次端斑,飞羽黑褐色;喉近白色;下体乳黄色,尾下覆羽黄色,除喉部均被黑褐色放射状纵纹;虹膜暗褐色,嘴尖黑色,余部铁灰色,下嘴钝,脚黄绿色,爪黑。其见于疏林、河谷、农田等地,常通过两翅快速扇动在空中停留;主要在地面捕食,以昆虫为食,也吃鼠类、小鸟等小型动物;为夏候鸟、旅鸟、冬候鸟,数量较多。

白枕鹤 *Grus vipio*

其为大型涉禽,脸、脚红色,头顶和颈侧、前颈上部及枕部、后颈、喉白色,上体石板灰色,飞羽黑色,翅上覆羽近白色;前颈下部、下体暗石板灰色;虹膜暗褐色,嘴黄绿色。幼鸟体羽赭黄色。其见于保护区春季的芦苇沼泽,主要以植物及鱼类、虾和昆虫为食,为旅鸟。

黑水鸡 *Gallinula chloropus*

其为中型涉禽,通体黑褐色,两胁具宽阔的白色纵纹,尾下覆羽两侧为白色,中间黑色;嘴黄色,嘴基与额甲红色,脚黄绿色,虹膜红色;在水面上游泳时,尾部白斑很明显。幼鸟色较淡,呈橄榄绿色,额甲较小,呈土黄色。其见于沼泽、苇塘及水稻田等地,单独或成对活动;主要以水生植物、水生昆虫及软体动物为食;为夏候鸟,常见。

黑翅长脚鹬 *Himantopus himantopus*

其为中型涉禽。雄鸟夏羽额部白色,头至背部黑色,肩背部具绿色金属光泽,飞羽黑色,腰和尾上覆羽白色,尾羽灰白色,外侧尾羽白色;脸部、前颈及颈侧、胸部和其余下体白色。雌鸟头颈为白色,其余同雄鸟。雄鸟冬羽和雌鸟相似;虹膜红色,嘴黑色,长而细尖,脚特长,粉红色。其见于河流浅滩、水库、鱼塘、水稻田及水域附近的沼泽地带,主要以软体动物、甲壳类动物、昆虫等为食;为旅鸟、夏候鸟,在水边的浅滩及沼泽地筑巢,数量较大。

反嘴鹬 *Recurvirostra avosetta*

其为中型涉禽,头部从额至后颈黑色,上体白色,有两条黑色带斑;飞羽黑色,尾羽白色,末端灰色;下体白色;虹膜褐色,嘴黑色,细长而上翘;腿长,青灰色。其主要以甲壳类、昆虫、蠕虫等小型无脊椎动物为食;为旅鸟,秋季栖息于鱼塘浅水地带,集成大群。

普通燕鸻 *Glareola maldivarum*

其为小型水鸟,夏羽上体茶褐色,喉乳黄色,有黑色圆环包围;飞羽黑褐色,折叠时超过尾长,翼下覆羽棕红色;尾黑褐色,叉状;胸黄褐色,腹部白色;虹膜深褐色,脚黑褐色;嘴黑色,基部红色,冬羽嘴基无红色,喉部圆环模糊。幼鸟体羽淡棕黄色,喉部无圆环。其栖息于鱼塘、农田及水域附近的沼泽地带;喜集群,飞行似燕;主要以昆虫为食,也吃甲壳类等小型动物;为夏候鸟,地上营巢。

环颈鸻 *Charadrius alexandrinus*

其为小型涉禽,前额和眉纹白色,并相连,头顶有一黑色横带,贯眼纹黑色,上体沙褐色,后颈有一白色领环,胸部有一黑斑,但不完整相连,其余下体白色;虹膜暗褐色,嘴、脚黑色。

其在保护区栖息于沼泽、水塘、排水渠等地；单独或成小群活动，在浅滩涉水觅食，时走时停，奔走迅速；主要以昆虫等小型无脊椎动物为食；为夏候鸟。

小杓鹬 *Numenius minutus*

其为小型涉禽，为杓鹬中个体最小者；头顶黑褐色，中央贯纹皮黄色，两侧贯纹黑色，眉纹皮黄色，贯眼纹黑褐色；上体黑褐色，有皮黄色羽缘；飞羽黑色，尾羽灰褐色，具黑色横斑；胸和前颈皮黄色，有细的黑褐色纵纹，腹部白色；嘴黑色，嘴尖端微向下弯；脚蓝灰色，虹膜黑褐色。其在保护区见于鱼池清鱼后有浅水的地面，和其他鹬类混在一起；主要以昆虫、软体动物等为食，也吃一些植物种子；为旅鸟。

白腰草鹬 *Tringa ochropus*

其为小型涉禽，夏羽头部黑褐色，具白色纵纹，有白色眉纹；上背黑褐色，具白色斑点，下背、腰黑褐色，微具白色羽缘；尾上覆羽白色，除外侧一对尾羽全为白色外，其余尾羽具黑褐色横斑，飞羽黑褐色；下体白色，喉、胸及两胁具黑褐色斑纹；冬羽色淡，呈灰色，纵纹不显；虹膜褐色，嘴暗绿色，端黑，脚橄榄绿色。其在保护区栖息于沼泽、河流岸边，以小群活动；主要以蠕虫、昆虫、虾等小型无脊椎动物为食，也吃鱼和稻谷；为旅鸟。

林鹬 *Tringa glareola*

其为小型涉禽，夏羽头和后颈黑褐色，具白色纵纹，有白色眉纹，背黑褐色，有白色斑点，尾羽白色，有黑褐色横斑；下体白色，胸具黑褐色纵纹，冬羽胸部纵纹不显；虹膜褐色，嘴黑色，基部黄绿色，较短直。其在保护区栖息于沼泽、河流、水库及水田等各类生境中，常在水边浅滩和沙石地活动；主要以昆虫、甲壳类动物等小型无脊椎动物为食；为旅鸟。

银鸥 *Larus argentatus*

其为大型水鸟，夏羽头、颈、尾白色，背和翅上覆羽深灰色，下缘白色，肩羽具宽阔的白色端斑；初级飞羽黑褐色，下体白色；冬羽头和颈具褐色纵纹；虹膜浅黄，脚肉色，全蹼，嘴黄色，下嘴有红斑。其在保护区栖息于水库、鱼塘、沼泽等地，成小群活动在水面上；主要以小鱼和水生无脊椎动物为食；为旅鸟。

红嘴鸥 *Larus ridibundus*

其为中型水鸟，夏羽头棕色，眼后有一新月形白斑；后颈和枕部、上背、尾羽及尾上覆羽白色，下背、腰、翅上覆羽淡灰色，下体白色；虹膜褐色，嘴暗红色，先端黑色，脚红棕色；冬羽头白色，头顶、头后沾灰色，脸侧有黑色斑，嘴和脚鲜红色。幼鸟枕部缀以灰褐色，飞羽暗褐色，尾白色，具黑色横带。其在保护区栖息于水库、鱼塘等地，常成小群活动，有时也集成大群；主要以小鱼、虾、昆虫等为食；为旅鸟，数量多。

家燕 *Hirundo rustica*

其头、枕部黑褐色，上体黑色，有绿色金属光泽；额基沾栗色，脸部、眼周深褐色，翅和尾羽黑褐色，尾叉状；喉部栗色，颈有一黑褐色环带，下体、尾下覆羽白色，沾淡橘红色（幼）；嘴、脚、爪均黑色，虹膜暗褐色。其在保护区栖息于人类居住的村庄和水渠附近，善飞行，晨昏活动频繁，秋季结成大群，甚为壮观；主要以昆虫为食；为夏候鸟，繁殖期为4—7月，多数一年产2窝，有用旧巢的习性，为本地区重要的夏候鸟之一。

东方大苇莺 *Acrocephalus orientalis*

其上体棕橄榄色,头顶颜色较深,眉纹淡黄色;下体污白色,胸部沾灰,腹部中央污白,两胁淡棕色;虹膜褐色,上嘴黑褐色,下嘴肉红色,先端黑褐色,脚浅蓝色。其栖息于湿地苇丛、柳丛及灌木丛中;食昆虫等小型无脊椎动物和水生植物种子等;为旅鸟、夏候鸟,在本地区夏季种群数量大。

戴胜 *Upupa epops*

依不同亚种,其体长26~28 cm,翼展42~46 cm,体重55~80 g;头顶羽冠长而阔,呈扇形;颜色为棕红色或沙粉红色,具黑色端斑和白色次端斑;头侧和后颈淡棕色,上背和肩灰棕色;下背黑色而杂有淡棕白色宽阔横斑;初级飞羽黑色,飞羽中部具一道宽阔的白色横斑,其余飞羽具多道白色横斑;翅上覆羽黑色,也具较宽的白色或棕白色横斑;腰白色,尾羽黑色而中部具一白色横斑;颏、喉和上胸葡萄棕色;腹白色而杂有褐色纵纹;虹膜暗褐色;嘴细长而向下弯曲,黑色,基部淡肉色,脚和趾铅色或褐色。

其栖息于山地、平原、森林、林缘、路边、河谷、农田、草地、村屯和果园等开阔地方,尤其以林缘耕地生境中较为常见;以虫类为食,在树上的洞内做窝;性活泼,喜开阔潮湿地面,长长的嘴常在地面翻动寻找食物;有警情时冠羽立起,起飞后松懈下来;每年5、6月份繁殖,选择天然树洞和啄木鸟凿空的蛀树孔里营巢产卵,有时也建窝在岩石缝隙、堤岸洼坑、断墙残垣的窟窿中。

鹤鹬 *Tringa erythropus*

其为小型涉禽,体长26~33 cm,夏季时通体黑色,眼圈白色,在黑色的头部极为醒目;背具白色羽缘,使上体呈黑白斑驳状,头、颈和整个下体纯黑色,仅两胁具白色鳞状斑;嘴细长、直而尖,下嘴基部红色,余为黑色;脚亦长细、暗红色;冬季背灰褐色,腹白色,胸侧和两胁具灰褐色横斑;眉纹白色,脚鲜红色;腰和尾白色,尾具褐色横斑,飞翔时红色的脚伸出于尾外,与白色的腰和暗色的上体成鲜明对比。

鹤鹬繁殖于北极冻原和冻原森林带,单独或成分散的小群活动,主要以甲壳类动物、软体动物、蠕形动物以及水生昆虫为食物。

黑腹滨鹬 *Calidris alpina*

其为小型涉禽,体长16~22 cm;嘴黑色、较长,尖端微向下弯曲,脚黑色;夏季背栗红色具黑色中央斑和白色羽缘,眉纹白色;下体白色,颊至胸有黑褐色细纵纹;腹中央黑色,呈大型黑斑;冬羽上体灰褐色,下体白色,胸侧缀灰褐色。其飞翔时翅上有显著的白色翅带,腰和尾黑色,腰和尾的两侧为白色,野外特征甚明显。特别是夏羽,其仅通过腹部大型黑斑和栗红色的背,就很容易地与其他鹬类相区别。但它的冬羽和弯嘴滨鹬、阔嘴鹬非常相似,野外鉴别较困难。不过弯嘴滨鹬嘴较长而细,向下弯曲弧度较大,脚亦较长,腰白色;阔嘴鹬体形较小,脚亦较短,具双道白色眉纹,容易区别。

其栖息于冻原、高原和平原地区的湖泊、河流、水塘、河口等水域岸边和附近沼泽与草地上。黑腹滨鹬常成群活动于水边沙滩、泥地或水边浅水处;性活跃、善奔跑,常沿水边跑跑停停,飞行快而直,有时也单独活动;主要以甲壳类动物、软体动物、蠕形动物、昆虫等各种小型无脊椎动物为食。

环颈雉 *Phasianus colchicus*

体形较家鸡略小，但尾巴却长得多。雄鸟和雌鸟羽色不同，雄鸟羽色华丽，多具金属反光特征，头顶两侧各具有一束能耸立起而羽端呈方形的耳羽簇，下背和腰的羽毛边缘披散如发状；翅稍短圆，尾羽 18 枚，尾长而逐渐变尖，中央尾羽比外侧尾羽长得多，雄鸟尾羽羽缘分离如发状；雄鸟跗跖上有短而锐利的距，为格斗攻击的武器，近年来还发现距的长度与其所拥有的配偶数量明显相关，是雌鸟选择配偶的一个重要标准。分布在中国东部的几个颈雉亚种颈部都有白色颈圈，与绿色的颈部形成显著的对比；尾羽长而有横斑。雌鸟的羽色暗淡，大都为褐和棕黄色，杂以黑斑，尾羽也较短。

其栖息于低山丘陵、农田、地边、沼泽草地、林缘灌丛和公路两边的灌丛与草地中，具有杂食性，所吃食物随地区和季节而不同；分布于欧洲东南部、小亚细亚、中亚、中国、蒙古、朝鲜、俄罗斯西伯利亚东南部、越南北部和缅甸东北部。

普通翠鸟 *Alcedo atthis*

其体长 16~17 cm，翼展为 24~26 cm，体重 40~45 g，寿命 15 年；外形和斑头大翠鸟相似，但体形较小，体色较淡，耳覆羽棕色，翅和尾较蓝，下体红褐，耳后有一白斑。雌鸟上体羽色较雄鸟稍淡，多蓝色，少绿色；头顶不为绿黑色而呈灰蓝色，胸、腹棕红色，但较雄鸟为淡，且胸无灰色。幼鸟羽色较苍淡，上体较少蓝色光泽，下体羽色较淡，沾较多褐色，腹中央污白色。

其单独或成对活动，性孤独，平时常独栖在近水边的树枝上或岩石上，伺机猎食，食物以小鱼为主，兼吃甲壳类和多种水生昆虫及其幼虫，也啄食小型蛙类和少量水生植物。翠鸟扎入水中后，还能保持极佳的视力，因为它的眼睛进入水中后，能迅速调整水中因为光线造成的视角反差，所以捕鱼本领很强。

青脚鹬 *Tringa nebularia*

其体长 30~35 cm，翼展 53~60 cm，体重 140~270 g，寿命 12 年。其上体灰黑色，有黑色轴斑和白色羽缘，下体白色，前颈和胸部有黑色纵斑；嘴微上翘，腿长近绿色，飞行时脚伸出尾端甚长。其栖息于苔原森林和亚高山杨桦矮曲林地带的湖泊、河流、水塘和沼泽地带，以虾、蟹、小鱼、螺、水生昆虫和昆虫幼虫为食，常单独或成对在水边浅水处涉水觅食，有时也进到齐腹深的深水中。

中杓鹬 *Numenius phaeopus*

其为中型涉禽，眉纹色浅，具黑色顶纹，基部淡褐色或肉色，嘴黑色、细长而向下弯曲呈弧状；头、颈淡褐色具黑色纵纹；头顶具乳黄色中央冠纹，头两侧具黑色侧冠纹，眉纹皮黄色；背黑褐色具皮黄色和白色斑纹；下体淡褐色，胸具黑褐色纵纹，两胁具黑褐色横斑，飞翔时可见腰和尾上白色覆羽；虹膜黑褐色，嘴黑褐色，细长而向下弯曲，基部淡褐色或肉色，脚蓝灰色或青灰色。

其栖息于北极和近北极苔原森林和泰加林地带，通常在离林线不远的沼泽、苔原、湖泊与河岸草地活动，有时也出现在无树大平原中；通常结小群或大群，常与其他涉禽混群，主要以昆虫、甲壳类动物和软体动物等小型无脊椎动物为食。

黑翅长脚鹬 *Himantopus himantopus*

其是一种修长的黑白色涉禽,体长约 37 cm。其特征为细长的嘴黑色,两翼黑,长长的腿红色,体羽白,颈背具黑色斑块。幼鸟褐色较浓,头顶及颈背沾灰。其栖息于开阔平原草地中的湖泊、浅水塘和沼泽地带,非繁殖期也出现于河流浅滩、水稻田、鱼塘和海岸附近之淡水或海水水塘和沼泽地带;常单独、成对或成小群在浅水中或沼泽地上活动,主要以软体动物、甲壳类动物、环节动物、昆虫、昆虫幼虫以及小鱼等动物性食物为食;繁殖期为 5—7 月,每窝产卵 4 枚。

白眼潜鸭 *Aythya nyroca*

其为中型潜鸭,个体比红头潜鸭小,和凤头潜鸭差不多,体长 33~43 cm,体重 0.5~1 kg。雄鸟头、颈、胸暗栗色,颈基部有一不明显的黑褐色领环;眼白色,上体暗褐色,上腹和尾下覆羽白色,翼镜和翼下覆羽亦为白色,两胁红褐色,肛区两侧黑色。雌鸟与雄鸟基本相似,但色较暗些。在水中时腹部白色虽不可见,但头、颈、胸和两胁的暗栗色以及肛区两侧的黑色和尾下白色形成明显对比。飞翔时腹中部和翅上、翅下白斑与暗色体羽亦形成强烈对比,反差强烈。其为杂食性,主要以水生植物和鱼虾贝壳类为食;栖居于沼泽及淡水湖泊;冬季也活动于河口及沿海潟湖;怯生谨慎,成对或成小群活动。

红脚鹬 *Tringa tetanus*

其体长 28 cm,上体褐灰,下体白色,胸具褐色纵纹;飞行时腰部白色明显,次级飞羽具明显白色外缘,尾上具黑白色细斑,虹膜黑褐色,嘴长直而尖,基部橙红色,尖端黑褐色;脚较细长,亮橙红色,繁殖期时变为暗红色。幼鸟橙黄色。其常成小群迁徙。红脚鹬非繁殖期则主要在沿海沙滩和附近盐碱沼泽地带活动,少量在内陆湖泊、河流、沼泽和湿草地上活动和觅食,常单独或成小群活动,休息时成群,性机警,飞翔力强,受惊后立刻冲起,从低至高呈弧状飞行,边飞边叫。其主要以甲壳类动物、软体动物、环节动物、昆虫等各种小型陆栖和水生无脊椎动物为食,常在浅水处或水边沙地和泥地上分散单独觅食。个体间有占领和保卫觅食领域的行为。

小鹀 *Emberiza pusilla*

其体重 11~17 g,体长 115~150 mm,属小型鸣禽。其喙为圆锥形,与雀科的鸟类相比较为细弱,上下喙边缘不紧密切合而微向内弯,因而切合线中略有缝隙;体羽似麻雀,外侧尾羽有较多的白色。雄鸟夏羽头部赤栗色,头侧线和耳羽后缘黑色,上体余部大致沙褐色,背部具暗褐色纵纹;下体偏白,胸及两胁具黑色纵纹。雌鸟及雄鸟冬羽羽色较淡,无黑色头侧线。虹膜褐色;上嘴近黑色,下嘴灰褐;脚肉褐色。

其主要栖息于泰加林北部开阔的苔原和苔原森林地带,特别是有稀疏杨树、桦树、柳树和灌丛的林缘沼泽、草地和苔原地带;一般主食植物种子;非繁殖期常集群活动,繁殖期时在地面或灌丛内筑碗状巢。

尖尾滨鹬 *Calidris acuminata*

其体长约 19 cm,与斑胸滨鹬极其相似;眉纹白色,繁殖期头顶泛栗色;上体黑褐色,各羽缘染栗色、黄褐色或浅棕白色;颏、喉白色具淡黑褐色点斑;胸浅棕色,亦具暗色斑纹,至下胸和两胁斑纹变成粗的箭头形斑;腹白色,楔尾、腿灰绿色。其在繁殖期主要栖息于西伯利亚冻原平原地带,特别是有稀疏小柳树和苔原植物的湖泊、水塘、溪流岸边和附近的沼泽地带;非繁殖期主要栖息于海岸、河口以及附近的低草地和农田地带。其主要以蚊和其他昆虫幼虫为食,也吃甲壳类动物、软体动物等小型无脊椎动物。

黑尾塍鹬 *Limosa limosa*

其为中型涉禽,体长 36~44 cm,嘴、脚、颈皆较长,是一种细高而鲜艳的鸟类;嘴长而直、微向上翘,尖端较钝、黑色,基部肉色。夏季其头、颈和上胸栗棕色,腹白色,胸和两胁具黑褐色横斑;头和后颈具细的黑褐色纵纹,背具显著的黑色、红褐色和白色斑点;眉纹白色,贯眼纹黑色;尾白色,具宽阔的黑色端斑;冬季上体灰褐色、下体灰色,头、颈、胸淡褐色。此鸟虽无显著的羽色特征,但通过长直而微向上翘的嘴、细长的脚和颈以及翼上翼下的白斑,亦容易辨认。

它们栖息于平原草地和森林平原地带的沼泽、湿地、湖边和附近的草地与低湿地上;单独或成小群活动,冬季有时偶尔也集成大群;主要以水生和陆生昆虫、昆虫幼虫、甲壳类动物和软体动物为食。

扇尾沙锥 *Gallinago gallinago*

其为小型涉禽,体长 24~30 cm;嘴粗长而直,上体黑褐色,头顶具乳黄色或黄白色中央冠纹;侧冠纹黑褐色,眉纹乳黄白色,贯眼纹黑褐色;背、肩具乳黄色羽缘,形成 4 条纵带;颈和上胸黄褐色,具黑褐色纵纹;下胸至尾下覆羽白色,尾具宽阔的棕色亚端斑和窄的白色端斑;外侧尾羽不变窄,次级飞羽具宽的白色端缘,在翅上形成明显的白色翅后缘,翅下覆羽亦较白,较少黑褐色横斑,飞翔时极明显。惊飞时其常发出一声鸣叫,并不断地急转弯,呈锯齿状曲折飞行。

它们在繁殖期主要栖息于冻原和开阔平原上的淡水或盐水湖泊、河流、芦苇塘和沼泽地带,尤其喜欢富有植物和灌丛的开阔沼泽和湿地,也出现于林间沼泽。非繁殖期,除河边、湖岸、水塘等水域生境外,它们也出现于水田、鱼塘、溪沟、水洼地、河口沙洲和林缘水塘等生境,主要以蚂蚁、金针虫、小甲虫、鞘翅目昆虫、昆虫幼虫、蠕虫、蜘蛛、蚯蚓和其他软体动物为食,偶尔也吃小鱼和杂草种子。

弯嘴滨鹬 *Calidris ferruginea*

其为小型涉禽,体长 19~23 cm;嘴较细长,明显地向下弯曲;夏羽头和下体栗色,上体黑色,具暗栗色和白色羽缘;飞翔时从上看白色腰和翼带极为醒目,从下看翼下和尾下白色,其余下体红色,反差亦甚强烈;冬羽上体灰褐色,下体白色,颈侧和胸缀有黄褐色,眉纹白色,飞翔时白色翅带和腰亦甚明显。

繁殖期时,它们主要栖息于西伯利亚北部海岸冻原地带,尤其喜欢在富有苔原植物和灌木的苔藓湿地。非繁殖期时,它们则主要栖息于海岸、湖泊、河流、海湾、河口和附近沼泽地带,常成群地在水边沙滩、泥地和浅水处活动和觅食,也常与其他鹬混群;飞行快速,常集成紧密的群飞行,飞行时彼此甚为协调。

红脚隼 *Falco amurensis*

其体长 26~30 cm,体重 124~190 g。雄鸟、雌鸟及幼鸟体色有差异。雄鸟上体大都为石板黑色;颏、喉、颈、侧、胸、腹部淡石板灰色,胸具黑褐色羽干纹;肛周、尾下覆羽、覆腿羽棕红色。雌鸟上体大致为石板灰色,具黑褐色羽干纹,下背、肩具黑褐色横斑;颏、喉、颈侧乳白色,其余下体淡黄白色或棕白色,胸部具黑褐色纵纹,腹中部具点状或矢状斑,腹两侧和两胁具黑色横斑。幼鸟和雌鸟相似,但上体较褐,具宽的淡棕褐色端缘和显著的黑褐色横斑;初级和闪级飞羽黑褐色,具沾棕的白色缘,下体棕白色,胸和腹纵纹明显;肛周、尾下覆羽、覆腿羽淡皮黄色;虹膜暗褐;嘴黄,先端石板灰;跗和趾橙黄色,爪淡白黄色。它们主要栖息于低山疏林、林缘、山脚平原、丘陵地区的沼泽、草地、河流、山谷和农田等开阔地区,尤其喜欢具有稀疏树木的平原、低山和丘陵地区。

黄腹鹨 *Anthus rubescens*

其属小型鸣禽,体长约 15 cm,似树鹨但上体褐色浓重,上喙较细长,先端具缺刻;翅尖长,内侧飞羽(三级飞羽)极长,几与翅尖平齐;尾细长,外侧尾羽具白,野外停栖时,常做有规律的上下摆动,腿细长,后趾具长爪,适于在地面行走。它们主要栖息于山地、林缘、灌木丛、草原、河谷地带,冬季喜沿溪流的湿润多草地区及稻田活动。

灰椋鸟 *Sturnus cineraceus*

其头顶至后颈黑色,额和头顶杂有白色,颊和耳覆羽白色、微杂有黑色纵纹;上体灰褐色,尾上覆羽白色,嘴橙红色,尖端黑色,脚橙黄色。它们栖息于平原或山区的稀树地带,繁殖期时成对活动,非繁殖期常集群活动,主要取食昆虫,分布于欧亚大陆及非洲北部,在我国为黑龙江以南至辽宁、河北、内蒙古以及黄河流域一带的夏候鸟,迁徙及越冬时普遍见于东部至华南广大地区。

楔尾伯劳 *Lanius sphenocercus*

其全长 255~315 mm,喙强健,具钩和齿,黑色贯眼纹明显,是伯劳中最大的个体;上体灰色,中央尾羽及飞羽黑色,翼表具大型白色翅斑;尾特长,凸形尾。它们主要栖息于低山、平原和丘陵地带的疏林和林缘灌丛草地,常单独或成对活动,主要以昆虫为食,也捕食小型脊椎动物。

灰鹤 *Grus grus*

其为大型涉禽,体长 100~120 cm;颈、脚均甚长,全身羽毛大都灰色,头顶裸出,皮肤鲜红色,眼后至颈侧有一灰白色纵带,脚黑色。它们栖息于开阔平原、草地、沼泽、河滩、旷野、湖泊以及农田地带,尤为喜欢富有水边植物的开阔湖泊和沼泽地带;主要以植物叶、茎、嫩芽、块茎为食,常吃草籽、玉米、谷粒、马铃薯、白菜以及软体动物、昆虫、蛙、蜥蜴、鱼类等。它们春季于 3 月中下旬开始往繁殖地迁徙,秋季于 9 月末 10 月初迁往越冬地;迁徙时常为数个家族群组成的小群迁飞,有时也成 40~50 只的大群,繁殖期为 4—7 月;每窝通常产卵 2 枚,雌雄轮流孵卵,孵化期 28~30 d。

小红鹳 *Phoeniconaias minor*

其雄雌相似,但雄鸟比雌鸟略高一点,是一种羽色粉红、多姿多彩的大型涉禽,全身的羽毛主要为淡淡的粉红色,初级飞羽和次级飞羽均为黑色,特别是翅膀基部的羽毛,光泽闪亮。它的体形长得也很奇特,身体纤细,头部很小,镰刀形的嘴细长、弯曲向下,前端为黑色,中间为淡红色,基部为黄色。黄色的眼睛很小,与其庞大的身躯相比,显得很不协调。细长的颈部弯曲,呈"S"形,双翼展开达 160 cm 以上,尾羽却很短。此外,它还有一双又细又长的红腿,脚上向前的 3 个趾间具红色的全蹼,后趾则较小而平置。虹膜黄色至橙色,并有栗色环包围;鸟喙深红色,端黑;腿脚深红色。它们主要栖息在盐水湖泊、沼泽及礁湖的浅水地带,水通常仅有几厘米深,水中生长着丰富的各种藻类。

4.1.5　鸟类多样性保护建议

北大港湿地自然保护区以旅鸟为主,在春秋鸟类迁徙季节应注意保护鸟类及其栖息地。就保护区而言,对迁徙水鸟的主要威胁是栖息地的丧失和退化。

1)首先建议不断完善保护区的划分和布局,保护现有的鸟类自然栖息环境,减少或控制为发展水产进行的湿地开垦,吸引更多的鸟类前来。

2)防止湿地资源被过度利用,造成现有栖息地的退化,控制承包鱼池的面积。养鱼虾造成的水质污染会直接或间接影响鸟对湿地的利用。栖息地在退化后不能支持高密度的水鸟栖息,也使某些水鸟不能利用湿地。

3)建议增加自然的滩涂湿地类型,吸引鸻鹬类栖息。景观类型的多样化是物种多样化的重要条件。

4)建议进一步深入调查研究,尤其对湿地重要鸟类的生态、行为等进行进一步的深入研究,重点深入对夏候鸟的调查,同时建立长期的监测点,注意鸟类种类和数量的动态变化,对种群数量较大的优势种鸟类进行观鸟点的设置。

5)加强保护力度,建立健全执法机构,坚决制止网捕和枪击鸟类。

4.2　兽类资源调查

4.2.1　调查时间与调查方法

本次兽类资源调查时间为 2018 年 4—8 月,并结合以往北大港地区兽类资源的调查结果进行统计。

兽类资源采用样线法结合访问法进行调查。样线法是在样线上观察、记录兽类的实体、痕迹(如食迹、足迹、粪便、尿斑、卧迹、抓痕等)和遗迹(如尸体、骨骼、皮张、毛发等)。访问法主要是根据访问对象对动物的描述来确定动物的情况,访问对象为当地的居民。每次访问时都先由被访人述说当地哺乳动物的种类及主要特征,同时调查人员提供彩色图谱,让居民对见到而不认识的兽类进行辨认,以确定物种。小型兽类(如食虫类、啮齿类)采用铗日法捕捉,铗距 5 m、行距 20 m,傍晚放铗,次日收铗,之后调查人员记录捕到的动物的实体。

根据生境类型,调查选择 9 条样线(其中核心区 5 条,缓冲区、实验区各 2 条),统计在样线沿途遇见或听见的动物及其足迹、粪便、洞巢等。样线分布要均匀,尽量避开公路、村庄。每条样线长约 2 000 m。

沿样线进行调查,行进速度控制在 3 km/h 左右,用自动步行计数器确定观测点的位置,可借助望远镜、罗盘对动物或其痕迹进行观察和定位。调查内容包括动物个体、尸体残骸、足迹、粪便、洞巢、动物鸣叫等。观测范围可不限,但不要重复计数。注意记录观测对象距观测者的角度及距离。调查表格见表 4-2-1。

表 4-2-1　兽类调查表

日期:　　　　　　地点:　　　　　　样地点:　　　　　　路线长:　　　　　　调查者:

线路	物种名	调查样点	数量	距离	角度	性别	老体	成体	幼体

注:调查目标包括动物个体、尸体残骸、足迹、粪便、洞穴等。

用观测目标数量除以线路总长便可求得相对密度,各种观测目标可以分开单独计算。用观测到的粪便堆数量除以样线总长,也可得到一种相对密度指标。

北大港湿地小型兽类的调查采用标志重捕法和村民访问法。在非水面区域设置小型兽类调查样地 6 处,选取适宜的活捕器及诱饵。活捕器注意防风遮雨,避免日光暴晒。在样地(10 m×10 m 的规模)按棋盘式放 100 个活捕器,每点隔 10 m,每隔 6 h 检查一次。对捕获的动物进行雌雄鉴别和体重测量,然后原地释放,记录有关信息。标志重捕法登记表见表 4-2-2。

表 4-2-2　标志重捕法登记表

时间	地点	生境	物种名	性别	体重	坐标位置

4.2.2　调查结果

1. 种类区系组成及基本情况

北大港湿地自然保护区为湿地类型保护区,沼泽湿地和开阔水域在整个保护区面积中占相当大的比例,湿地禾本科及莎草科植物在保护区植被中占主要地位,陆栖兽类的适宜栖息地面积相对狭小,因此保护区内兽类的种类和数量都较少。经调查,北大港湿地中有兽类共 12 种,隶属 5 目 7 科,总种数约占全国兽类总种数(478 种)的 2.5%,种类组成中以啮齿目动物居多,共 5 种,占总种数的 42%,其次为食肉目 3 种,占总种数的 25%,其他 3 目兽类种类很少。

2. 保护区主要兽类及生物学特征

东方蝙蝠 *Vespertilio sinensis*

其体形中等大小,前臂长 46~56 mm;鼻部正常,无鼻叶或其他衍生物;耳短而宽,略呈三角形,前缘与口裂几乎垂直,上缘向后先平再向后斜;耳孔前方具一耳屏,耳屏短而尖端圆钝;尾较发达,向后一直延伸到股间膜的后缘,突出股间膜不超过 3 mm。翼膜由趾基稍靠掌端起有很窄的距缘膜。股间膜上的毛由躯体后部分布至两胫骨前 1/3 段的连接线处。第 2 指具一掌骨及一根很短的指骨,第 3 指具 3 节指骨,第 1 指节软骨化。后足长等于胫长之半。腭褶 8~9 行,乳头 1 对。

其多数独居或两三只成小群,有时大批聚居在一起;拂晓前及黄昏时两次出来觅食,以昆虫为食,在昆虫多的日子捕食的时间较短,昼夜活动中对光照条件的要求较水鼠耳蝠更为严格;在旷野、树冠间觅食双翅目昆虫,午夜返回隐蔽所,归巢时借第 1 指钩住实物,而后再以后肢挂起,然后匍匐爬入内休息,或即伏着停息;次日黎明,清晨 3 时半活动,每日晨昏各活动 1 次。

草兔 *Lepus capensis*

其为中等体形,体长 38~48 cm,耳甚长,达 8~12 cm,向前折明显超过鼻端,耳尖端窄,呈黑色;尾长 9~10 cm,连端毛略等于后足长;尾背面有明显的黑色斑,尾缘及腹面白色。其冬毛长而蓬松,白色针毛伸出毛背外方;背部为沙黄色,带有黑色波纹,腹面白色,体侧毛色渐淡,至下方为浅棕黄色,颈下与四肢外侧均为浅棕黄色。

其栖息于平原丘陵的草地、灌丛、林缘和农田中;昼夜活动,主要以草本植物为食,也食豆苗、薯叶、麦苗等作物;冬末交配,早春产仔,妊娠期 42 d,每年 2~4 胎,每胎 2~6 仔;幼仔当年性成熟。

小家鼠 *Mus musculus*

其为小型鼠类,体长约 7 cm;毛色变化较多,由灰褐至黑褐色;腹毛白色带灰黄色,四足背为暗褐色或灰白色,尾上为棕褐色,下为白色,但有时不明显;吻短,上颌门齿从侧面看有一明显的缺刻门齿孔长,其后缘超过第一白齿的前缘。

小家鼠为广栖性鼠类,栖息于人类建筑物、荒地、山野及田间。其洞具 2~3 个洞口,洞道短,仅有一分支,窝建于分叉处;食性杂,主要食粮食,在荒地以草叶、草籽及昆虫为食;昼夜活动;繁殖能力强,四季均可繁殖,年产 6~8 次,每胎平均产仔 4~6 只。

褐家鼠 *Rattus norvegicus*

其体形粗壮,体长 12~18 cm,尾长短于体长,为 12~17 cm;背毛黄褐色或棕褐色,体侧毛色较淡,腹毛灰白色,足背具白毛;尾 2 色,上黑褐,下灰白,有时上下两色不明显,几乎全为暗褐色;颅骨的顶骨两侧颞嵴几乎平行,幼体的尚呈弧形;鼻骨长,其后端约与前颌骨后端在同一水平线或稍超出或不及;门齿孔达第一上白齿基部前缘水平,上白齿横嵴外齿突趋向退化,第一上白齿的第一横嵴外齿突不明显,齿前缘无外侧沟。

其可栖息于各种生境。其洞系复杂,洞道长且分支多;杂食性,活动于多夜间,有季节性迁移;繁殖力强,全年均可繁殖,每次产仔 5~14 只。

黄鼬 *Mustela sibirica*

雄性体长 34~40 cm，尾长 12~25 cm。雌性比雄性小 1/3~1/2。其身体细长，四肢短，尾毛蓬松；全身棕黄至棕色，腹面毛色较淡，眼周和两眼间为褐棕色；冬毛较浅而带光泽，尾和四肢与背色同。

其栖息于林区河谷、沟沿、土坡、草丛、沼泽及灌丛，也见于平原或村落附近；晨昏活动，但在作物或杂草丛生季节，白天也经常活动；以小型啮齿类动物、两栖类动物为食，也吃鸟类、鱼类、昆虫及其他无脊椎动物；春季、夏季交配产仔，每胎 7~8 仔。

猪獾 *Arctonyx collaris*

其体形大小及毛色似狗獾，颏喉部白色，鼻吻部更长，尾毛白色。

其生活习性似狗獾。

4.2.3　保护区兽类保护建议

北大港湿地自然保护区内哺乳动物的种类不多，数量也不大，但有些种类已濒临灭绝，如麝鼹、鼠兔和旱獭等，对这些为数不多的兽类应当加以保护。区内占优势的啮齿目动物对农作物存在一定危害，部分种类还可成为出血热、鼠疫等有害病原体的携带和传播者，应注意有效控制啮齿类种群的数量和活动范围，防止鼠害的大爆发。保护区内赤狐的存在有助于控制啮齿类的种群，应着重加以保护。食虫目的刺猬和翼手目的蝙蝠以取食昆虫为主，可以有效抑制有害昆虫的种群数量，维持生态系统的平衡，也应加以保护。

此外，还应注重保护区的自然植被的保护，为动物提供良好的生存环境；应加强对保护区周边群众的宣传教育，禁止随意捕杀动物，使其与动物和谐共处，保护生态系统的平衡。

4.3　两栖、爬行动物资源调查

4.3.1　调查时间

本次两栖、爬行动物资源调查时间为 2018 年 4—8 月，并结合以往北大港地区两栖、爬行动物资源的调查结果进行统计。

4.3.2　调查方法

北大港湿地两栖、爬行动物资源调查以野外调查为主，同时辅以其他方法，具体如下。

1）野外调查。先查阅相关文献资料，并与当地居民交流，大致了解当地的自然条件和动植物资源现状，再根据两栖爬行动物的不同季节的生活习性，在保证具代表性、随机性和可行性的前提下，确定调查样线，每条样线都应穿越当地各种植被类型，调查人员沿样线观察动物实体。调查以白天为主、夜晚为辅。

2）访问调查。对调查区域内有经验的猎人、当地居民进行访问调查。

3）查阅文献。查阅已刊载或未刊载的各种野生动物报告等反映当地两栖、爬行类动物资源的相关资料。

　　根据生境类型,在水陆交界处选择合适的样线 5 条,其中核心区 3 条、缓冲区 1 条、实验区 1 条。在两栖、爬行动物非繁殖期,调查人员沿样线线路按一定速度行走,仔细观察两侧的爬行类和两栖类动物,记录其种类和数量。调查表见表 4-3-1。以调查数量除以总线路长可求得相对数量(只 /m),按截线法可计算绝对数量。调查人员随机选择若干样点,记录环境要素。

表 4-3-1　爬行类、两栖类动物调查表

日期:　　地点:　　样地号:　　路线长:　　调查人:

样线标号	物种名	观测样点	性别	成体	幼体	卵	其他

4.3.3　调查结果

1. 种类区系组成基本情况

　　调查共发现保护区内有两栖类动物 1 目 3 科 5 种,种类数约占全国两栖动物总数(268 种;刘明玉等,2000)的 1.9%。爬行动物共记录 3 目 4 科 8 种,占全国爬行类动物总种数(382 种;刘明玉等,2000)的 2.1%,两栖类种类组成中均为无尾目的蛙蟾类。爬行类主要为在湿地生活的蛇类,共 5 种,占总数的 62.5%。此外,湿地内还发现有水生的鳖。典型的陆生种类有无蹼壁虎和丽斑麻蜥两种。

2. 保护区主要两栖和爬行动物及其生物学特征

(1)两栖类

中华大蟾蜍 *Bufo bufo*

　　雄蟾体长 95 mm 左右,雌蟾体长 105 mm 左右。其头宽大于头长,吻棱明显;鼻间距小于眼间距;上眼睑无显著的疣;鼓膜显著,近圆形;皮肤粗糙,背部布满大小不等的圆形颗瘰粒,仅头部平滑,耳后腺大、呈长圆形,腹部满布疣粒,胫部瘰粒大,一般无跗褶。雄性背面的墨绿色、棕色或黑色形成花斑,一般无土红色斑纹。雄性内侧 3 指基部有黑色婚垫,无声囊。

　　除了冬眠和繁殖期在水中生活外,其多在陆地草丛、林下、居民点周围、沟边、山坡的石下或土穴、石洞等潮湿地方栖息,食性广。

花背蟾蜍 *Bufo raddei*

　　其体长平均 60 mm 左右,雌性最长者可达 80 mm。其头宽大于头长;吻端圆,吻棱显著,颊部向外侧倾斜;鼻间距略小于眼间距,上眼睑宽,略大于眼间距;鼓膜显著,椭圆形。前肢粗短;指细短,指长顺序 3、1、2、4,第 1、3 指等长,第 4 指颇短;关节下瘤不成对;外掌大而圆,深棕色,内掌小色浅。其后肢短,胫跗关节前达肩或肩后端,左右跟部不相遇,足比胫长,趾短,趾端黑色或深棕色;趾侧均有缘膜,基部相连成半蹼;关节下瘤小而清晰,内跖突较大、色深,外跖突很小、色浅。

雄性背面多呈橄榄黄色,有不规则的花斑,疣粒上有红点。雌性背面浅绿色,花斑酱色,疣粒上也有红点;头后背正中常有浅绿色脊线,上颌缘及四肢有深棕色纹。两性腹面均为乳白色,一般无斑点,少数有分散的黑色小斑点。

北方狭口蛙 *Kaloula borealis*

其体长 43 mm,头部小,呈三角形,鼓膜不明显;身体肥壮,前肢细长,后肢粗壮而短,不善跳跃。雄蛙有单眼下的外声囊,鸣声洪亮。雄蛙胸部有大而明显的皮肤腺体,体背面一般为橄榄棕色,具不规则棕黑色斑纹;体侧及四肢内侧常有明显的网状花斑纹,腹部白色。

（2）爬行类

无蹼壁虎 *Gekko swinhonis*

其头体长 52~67.5 mm,小于尾长;体背粒鳞较大,背部无疣鳞或只具稀疏的扁圆疣鳞,枕及颈背无疣鳞;趾间无蹼;尾基两侧各具 1 列肛疣。雄性有 8~10 个肛前窝。其背面灰褐色,体背通常具 5~8 条不规则的暗横斑,四肢常具暗斑;腹面均为肉色。

其栖息于建筑物的缝隙中,或岩缝、石下及树上;活动较灵活;捕食蚊、蝇及蛾类等;6—7月繁殖,每次产卵 2 枚,白色,卵圆形,黏附于缝隙间。

黄脊游蛇 *Coluber spinalis*

其身体细长,成体全长 700~800 mm;体背面棕褐色,背脊中间有一条镶黑边的黄色脊线,脊线宽为脊鳞及左右相邻鳞片之宽;最外侧 1 行背鳞白色而外缘黑色,与腹鳞的黑色点连接形成黑色长纹,前后形成一条明显的白色纵线;体尾侧面的鳞片边缘黑色,并由此缀成数条深色纵线,腹面黄白色。黄脊游蛇生活在农田、丘陵、山地近水处,以昆虫、小鱼、蛙类为食。

赤链蛇 *Dinodon rufozonatum*

其体形中等,体全长 1 000~1 500 mm,头部背鳞为黑色,具明显的红色鳞缘,枕部有"人"形红色斑,体背面为黑色与红色横带相间,红色横带有 1~2 个鳞片宽,并杂以黑褐色小点斑,两横带间距 2~4 个鳞片宽;腹鳞为淡黄色,两侧常杂以黑褐色点斑。

4.3.4 保护区两栖、爬行动物保护建议

两栖、爬行动物在本地区的生态系统中占据重要地位。首先它们是食物链不可或缺的环节:蛙类是许多水鸟的食物,蛇是重要的捕食动物;龟类能起到清洁水域的作用;两栖爬行动物因其特殊的生理和习性特征,可以作为环境污染的指示物种。因此两栖爬行动物的保护对整个区域生态系统的监测和保护具有特殊意义。

保护建议包括:一,保护现有湿地的自然环境,治理污水排放,加强巡查,减少动物捕捉行为和其他人为干扰;二,加强市场管理和执法力度,特别是强化中华鳖养殖的许可证制度,查处非法捕捉和售卖两栖、爬行动物;三,加强宣传教育工作,提高公众的保护意识,使当地居民了解保护动物的重要性和相关法律规定,倡导不吃、不捕捉、合理利用两栖、爬行动物,鼓励群众举报非法捕杀、售卖两栖、爬行动物的行为。

4.4　鱼类资源调查

　　鱼类位于水生态系统食物链高端,是河流生态系统重要的消费者,对稳定系统营养结构和生态平衡起着重要的指示作用(解玉浩,1992)。本研究通过对北大港湿地自然保护区鱼类群落的调查,了解鱼类群落结构特征和种群数量动态,从而更加全面地认识北大港湿地自然保护区的水生态系统结构特征,为水生态保护、生态修复及效果评估提供基础数据和技术支撑。

4.4.1　鱼类区系特征及监测点布设

4.4.1.1　调查水系鱼类区系特征

　　按照《中国淡水鱼类的分布区划》(李思忠,1981),中国的淡水鱼类被划为 5 区 21 亚区,从地理位置上看,北大港湿地自然保护区水系属于第Ⅳ区华东区(或江河平原区)第 14 亚区(河海亚区)。

4.4.1.2　监测布点和时间

　　近年来,关于北大港湿地自然保护区鱼类的相关调查研究鲜有报道。本研究结合北大港湿地自然保护区的实际情况,选择万亩鱼塘区、河道、养殖池塘及沿海码头等几个典型断面,建立鱼类定位观测站,采用地笼、流刺网等捕捞工具进行定点样品采集,并对沿岸渔民进行走访调查,调查时间为 2017 年 5—10 月,定期不间断收集渔获物。

4.4.2　调查结果分析

　　本次调查共采集、测量鱼类标本 2 114 尾,鉴定出鱼类 19 种,分属于 6 目 11 科,包括:鲤形目的鲤科(9 种)、鳅科(1 种);鲶形目的鲶科(1 种);鲈形目的鲔科(1 种)、鳢科(1 种)、虾虎鱼科(1 种)、愚鲈科(1 种)、玉筋鱼科(1 种);鲻形目的鲻科(1 种);鲉形目的鲆科(1 种);鲽形目的鳉科(1 种)。与历史资料相比,目前北大港湿地定居性、杂食性鱼类比例升高,洄游性、肉食性鱼类比例下降。

　　从渔获物出现频数来看,最高的是餐条,其次是鲫鱼,再其次是翘嘴鲌、泥鳅等。从食性分析看,渔获物主要归属草食性、肉食性、杂食性 3 大类,其中以杂食性鱼类为主,其代表种类主要有鲫鱼、餐条、泥鳅等。鲫鱼属于杂食性鱼类,水蚯蚓、摇蚊幼虫、藻类、小软体动物均是它的食物。餐条为中上层鱼类,栖于河流、湖泊沿岸水体上层,是极常见的小型鱼类,杂食性,从春至秋常集群于沿岸浅水区游动觅食。泥鳅为杂食性生物,多在晚上出来捕食浮游生物、水生昆虫、甲壳动物、水生高等植物碎屑以及藻类等,有时亦摄取水底腐殖质或泥渣。通过个体生态矩阵分析,水大港湿地鱼类群落中肉食性、喜砂砾底质的小型底层鱼类受环境变化影响程度较大;喜泥质底质的缓流定居杂食性鱼类多为现阶段优势种群。

4.4.2.1　鱼类群落结构特征

　　本研究选择优势种群——鲫鱼进行种群结构特征分析。

1. 鲫鱼年龄结构

从调查的样本中随机采集 213 尾鲫鱼作为年龄组成分析样本,以鳞片作为年龄鉴定材料,并进行生物学测定,体长精确到 1 mm,体重精确到 1 g。经分析,鲫鱼年龄为 1 龄的为 3 尾,2 龄的为 90 尾,3 龄的为 73 尾,4 龄的为 35 尾,5 龄的为 12 尾,如图 4-4-1 所示。鲫鱼渔获物由 0 龄 ~4+ 龄 5 个年龄组组成,以 1+ 龄为主,占总尾数的 42.25%,2+ 龄的和 3+ 龄的比例也较高,占总尾数的 34.27% 和 16.43%,0+ 龄的和 4+ 龄以上的个体极少,如表 4-4-1 所示。

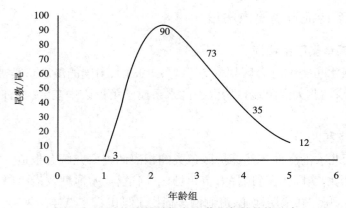

图 4-4-1　北大港湿地鲫鱼渔获物年龄结构分布

表 4-4-1　北大港湿地鲫鱼渔获物各年龄体长和体重情况

年龄组	样本数 /尾	频率 /%	体长 /cm		体重 /g	
			幅度	平均值	幅度	平均值
0+~1	3	1.41	10~11.7	10.77	36~52	42
1+~2	90	42.25	7~17.9	12.01	16~194	55.86
2+~3	73	34.27	10~17.5	14.50	36~174	93.53
3+~4	35	16.43	12~20.5	16.13	58~270	126.08
4+~5	12	5.63	14~21	18.63	114~250	193.67

2. 体长与体重分布

北大港湿地鲫鱼渔获物体长范围在 7.5~20.7 cm 之间,如图 4-4-2 所示,主要是 8~23 cm 之间的个体,其中体长 11~14 cm 和 14~17 cm 的个体最多,分别占鲫鱼渔获物的 39.44% 和 32.39%,其次为体长 8~11 cm 和 17~20 cm 的个体,分别占 15.49% 和 10.80%,0~8 cm 和 20~23 cm 的个体最少,分别占 0.47% 和 1.41%。

鲫鱼渔获物的体重范围在 16~270 g 之间,如图 4-4-3 所示,主要是 61~100 g 的个体,占鲫鱼渔获物总尾数的 35.68%,其中 16~60 g 和 61~100 g 的个体最多,分别占鲫鱼渔获物的 35.21% 和 35.68%;其次为体重 101~140 g 和 141~180 g 的个体,分别占渔获物的 15.02% 和 8.45%;181~220 g 和 221~270 g 的个体最少,分别占 3.29% 和 2.35%。

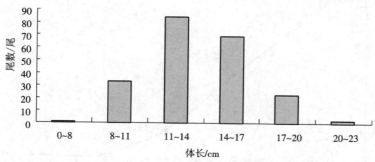

图 4-4-2　北大港湿地鲫鱼渔获物体长分布

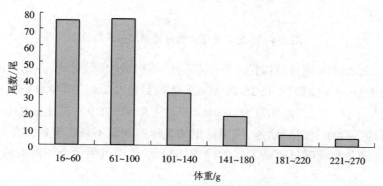

图 4-4-3　北大港湿地鲫鱼渔获物体重分布

3. 鲫鱼体长和体重的关系

根据鲫鱼渔获物样品分析得到的体长和体重,得到北大港湿地自然保护区中鲫鱼体长和体重的关系,如图 4-4-4 所示,关系式为 $W=0.048\,6L^{2.8307}$;$R^2=0.975\,0$。关系式中 L 指数的值为 2.830 7,与 3 进行比较,经过 t 检验,表明北大港湿地自然保护区的鲫鱼为异速生长。

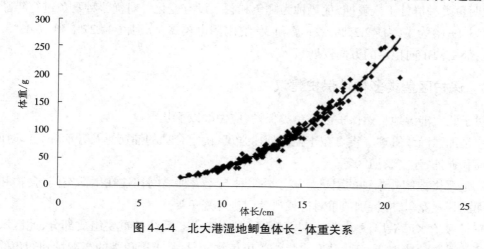

图 4-4-4　北大港湿地鲫鱼体长 - 体重关系

4. 各年龄组肥满度的大小

根据公式 $K=100\,W/L^3$,计算出各年龄组肥满度值,得到北大港湿地鲫鱼肥满度关系曲线,如图 4-4-5 所示。可以看出,北大港湿地的鲫鱼随着年龄的增长肥满度逐渐下降。

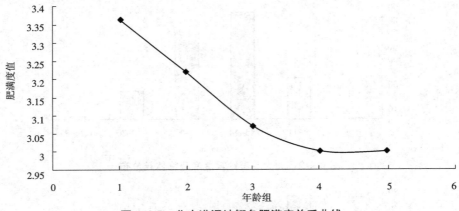

图 4-4-5　北大港湿地鲫鱼肥满度关系曲线

综上所述,北大港湿地自然保护区鲫鱼年龄结构组成中低龄鱼所占比例偏大,1+ 龄个体数占所调查渔获物个体数的 42.25%,大龄个体数目极少,说明鲫鱼种群有向小型化发展的趋势;鲫鱼体长和体重的关系为 $W=0.048\,6L^{2.8307}$(R^2=0.975 0),其中 L 的指数为 2.830 7,与理论上认可的 3 存在一定的偏差,说明这里的生存空间有不利于鲫鱼种群的因素存在;随着年龄的增长,鲫鱼肥满度呈逐渐下降的趋势,说明水体中可供大个体摄取的食物不足或捕捞强度过大。

4.4.2.2　鱼类种群演变分析

1984—1985 年,河北大学生物系对大港水系进行鱼类调查,共发现鱼类 13 种,对 189 尾样品的年龄进行了分析,共划分为 4 个年龄组,其中 0+ 龄组鱼类占 71.43%,1+ 龄组鱼类占 24.87%,2+ 龄组鱼类占 3.17%,3+ 龄组鱼类占 0.53%。此次调查结果表明,北大港湿地鱼类种群数量已经达到 19 种(包括海水种类 5 种),与 20 世纪 80 年代相比较,出现增多趋势,说明鱼类种群处于恢复期,优势种为鲫鱼和餐条没有变化。对优势种鲫鱼进行年龄结果分析,以 1+ 龄为主,占 42.25%,2+ 龄和 3+ 龄比例也较高,分别占 34.27% 和 16.43%,说明种群内部结构正向稳定的方向发展。

4.4.3　保护区鱼类多样性保护建议

对于北大港湿地自然保护区的鱼类保护,应做好以下几点。

一是加强渔政管理。重点在于控制捕捞强度,确定合理的捕捞量及开渔和封渔时间;禁止偷捕和强捕;建立禁渔区等。

二是严格控制外来种的引进。鉴于外来种与土著种之间往往在生活空间、食物和繁殖等方面的相互竞争,应特别慎重对待或严禁引进外来鱼类。

三是保护水库沿岸浅水区。沿岸浅水区是水库生态系统的重要组成部分,此区域不仅有丰富的浮游动植物、底栖生物和水生维管束植物,而且是土著鱼类的产卵场和幼鱼的觅食场所。因此,应严格禁止一切围垦和侵占水库沿岸浅水区的行为。

我们在做好资源保护的同时,也要充分利用好资源,充分发挥水库水面广阔的优势,大力发展养鱼业,一方面可加强研究,驯化野生经济种类;另一方面采用科学方法养殖,向精养高产的方向发展。通过发展养鱼业,我们可以摆脱靠水吃鱼难的局面,使鱼类养殖业成为抑制人们对野生鱼类资源掠夺性开发的一项重要举措,使保护区真正成为鱼类资源的宝库。

4.5 浮游动物资源调查

浮游动物是指水中的浮游生物,主要包括原生动物、轮虫、枝角类动物和桡足类动物四大类。浮游动物群落在湿地、湖泊等生态系统以及要素循环中的作用显著,在水生态系统中充当重要的生产力环节,其主要以细菌、碎屑以及浮游植物等为食,与此同时,它们又是鱼类和其他大型水生生物的食物。浮游动物的种类组成及丰度的季节变化可反映出水体的环境状况。作为"次级生产者"的浮游动物是水域生态系统食物链中的一个重要环节,对浮游植物群落结构起到一定程度的调控作用,从而间接对浮游植物引起的水华起到一定的控制作用,所以,浮游动物在水污染治理、水质监测以及水生生态调控方面的作用逐渐被人们重视,并广泛被人们所使用。本研究以浮游动物取样调查的方法获得天津北大港湿地自然保护区的生物资源数据,并通过对该数据的分析,对湿地的环境做出判断并提出改善的建议。采样点与浮游植物采样点相同。

4.5.1 调查时间与调查方法

4.5.1.1 实验材料与药品

1. 实验用具

浮游生物网、5 L 采水器、浮游动物计数框、全球卫星定位系统、显微镜、盖玻片、载玻片、小吸管、刻度吸管、细口瓶、广口瓶等。

2. 药品

福尔马林液、碘液。

4.5.1.2 样品的采集和处理

1. 浮游动物定性样品的采集和保存

浮游动物用 13# 浮游生物网捞取,将网放入水中半米深处作"∞"字循回拖动, 3~5 min后将网徐徐提起。捞取时速度不宜过快,应避免因捞取过急造成水的回流而将网内生物冲到网口回到水中。待水滤去后、所有浮游生物集中在网头内时即可将盛标本的小瓶在网头下接好,打开开孔,让标本流入瓶中。采集好的样本需要立即固定(加入固定液即可),浮游动物以 5% 的福尔马林液作为固定液,然后贴好标签,做好记录备用。

2. 浮游动物定量样品的采集和保存

利用有机玻璃采水器在 0.5 m 深处采集样品。采水 5 L,通过 25# 浮游生物网过滤,收集在 100 mL 的广口瓶中,加入 5% 的福尔马林液固定,然后贴好标签,并做记录。

4.5.1.3　浮游动物的测定

1. 浮游动物的定性

取样时从广口瓶的底部取,这样使获得样品的种类尽可能丰富。对采到的定性标本进行分类鉴定,优势种类鉴定到属,并做好详细记录。

2. 浮游动物的定量

将定量样本充分摇匀,迅速吸取 1 mL 注入相应大小的计数框中。盖好盖玻片,在中倍显微镜下进行全部计数。每份样品计数 2 片,取其均值。然后按浓缩倍数换算成一升水中大型浮游动物的个体数。

4.5.1.4　数据处理

1. 换算

根据采集的浮游动物个体的大小将其分成几个等级,计算各级的浮游动物的个体数,换算成丰度(abundance,单位为 ind/m³),即单位水体内浮游动物数目,所得的丰度乘以各相应等级的比例系数,就可得到生物数量的估算值(左涛,2003)。

把计数获得的结果通过下述公式换算为单位体积的浮游动物个数。

$$N = \frac{v \times n}{V \times C} \tag{4-1}$$

式中　N——1 L 水中的个体数,ind/L;

　　　V——采样体积,L;

　　　v——沉淀体积,mL;

　　　C——计数体积,mL;

　　　n——计数所获得的个体数,个。

2. 生物量的测定方法

准确地测定生物量必须要有一定的分类基础和实践经验,体长是浮游动物生物个体的重要指标,它与个体的生长、繁殖以及个体的各种组分都有密切的关系(Darren R,2001),故应分门别类地测量浮游动物 50~100 个个体的体长,然后根据简化公式,求出生物体积,并假定比重为 1,获得体重,再乘以个体数,则获得生物量。

3. 评价方法

物种多样性指数反映生物群落的组成特征,它是由群落中生物的种类数和各个种的数量分布组成的。物种多样性指数越高,表明群落中的生物种类越多,食物链及群落结构越复杂,自动调节能力越强,群落越稳定。

浮游植物多样性指数采用香农－威纳(H)指数。

丰度 <1 000 ind/L(个 /L)的水体为贫营养型,丰度在 1 000~2 000 ind/L 之间的水体为中营养型,丰度 >3 000 ind/L 的水体为富营养型。

4.5.2　调查结果与分析

4.5.2.1　浮游动物种类组成

本研究对北大港湿地水系 20 个监测点进行采样,共鉴定原生动物 8 属、8 种,轮虫 8 属、14 种,枝角类 7 属、7 种,桡足类 6 种。春季共鉴定原生动物 5 属、5 种,轮虫 6 属、9 种,枝角类 4 属、5 种,桡足类 6 种。4 月采集原生动物共 3 属、3 种,轮虫共 1 属、3 种,枝角类共 2 属、3 种,桡足类 3 种。5 月采集原生动物共 3 属、3 种,轮虫共 6 属、9 种,枝角类共 2 属、2 种,桡足类 4 种。优势种主要有拟铃壳虫、筒壳虫、壶状臂尾轮虫、大型溞、剑水蚤、华哲水蚤、桡足幼体、无节幼体等,主要集中在万亩鱼塘 1(2#)、池塘(10#)、子牙河(闸口)(19#)。春季浮游动物种类的分布见附录 VII 表 1 所示。

秋季共鉴定原生动物 7 属、7 种,轮虫 5 属、10 种,枝角类 3 属、3 种,桡足类 4 种。9 月采集原生动物共 3 属、3 种,轮虫共 2 属、4 种,枝角类共 3 属、3 种,桡足类 4 种。10 月采集原生动物共 8 属、8 种,轮虫共 9 属、5 种,枝角类共 3 属、3 种,桡足类 3 种。优势种主要有拟铃壳虫、褶皱臂尾轮虫、圆形臂尾轮虫、晶囊轮虫、裸腹溞、剑水蚤、华哲水蚤、桡足幼体、无节幼体等,主要集中在万亩鱼塘 3(4#)、采油田(12#)、独流减河 2(14#)、北排水河 1(17#)。秋季的浮游动物种类的分布见附录 VII 表 2 所示。

4.5.2.2　浮游动物数量的平面分布特征

对北大港湿地自然保护区的水系进行 4 次定期采样,所监测到的浮游动物平均数量为 715.88 ind/L,其中原生动物的数量最多,数量为 327.72 ind/L,所占百分比为 45.78%;轮虫的数量排第二,为 252.15 ind/L,所占百分比为 35.22%;桡足类的数量为第三,为 131.38 ind/L,所占百分比为 18.35%;枝角类的数量最少,为 4.63 ind/L,所占百分比为 0.65%。北大港湿地浮游动物数量随时间变化见表 4-5-1。

从表中可以看出,9 月浮游动物数量最大,为 1 062.79 ind/L,4 月浮游动物数量最小,为 376.94 ind/L。除河道(1#)、万亩鱼塘 1(2#)、万亩鱼塘 2(3#)、万亩鱼塘 3(4#)、水库 4(8#)、池塘(10#)、潮间带 1(15#)、北排水河 1(17#)外,其他地点同一监测位点不同时间浮游动物数量变化差异不大。不同监测位点在同一次采样时间内,其浮游动物细胞数量变化较大,这是由于各监测位点在河段不同流域,其所处的生态环境不一样所致。

表 4-5-1　北大港湿地水系浮游动物数量的时间变化　　　　单位:ind/L

类别	4 月	5 月	9 月	10 月	平均值
原生动物 Protozoan	149.75	299.08	601.61	260.44	327.72
轮虫 Rotifera	81.11	139.54	236.52	551.43	252.15
枝角类 Cladoceran	2.37	0.42	13.56	2.17	4.63
桡足类 Copepoda	143.71	69.17	211.10	101.54	131.38
总计	376.94	508.21	1 062.79	915.58	715.87

从各监测点浮游动物的分布可以看出,池塘(10#)监测点原生动物的数量最多,其中有

变形虫、拟铃壳虫、游仆虫、筒壳虫，表明该监测点有机物质比较丰富，水质状况复杂。河道
（1#）、万亩鱼塘1（2#）、万亩鱼塘2（3#）、潮间带1（15#）等4个监测点的轮虫数量较多，在
万亩鱼塘1（2#）其数量达到顶峰，其中都以 α- 中污性和 β- 中污性的指示种类为主，如晶囊
轮虫、萼花臂尾轮虫、壶状臂尾轮虫、曲腿龟甲轮虫、角突臂尾轮虫、三肢轮虫等，轮虫的种类
较为丰富，观测点的水质比较好。

4.5.2.3　浮游动物生物量的平面分布特征

北大港湿地水系浮游动物生物量（湿重）随季节变化情况如表 4-5-2 所示。浮游动物的
平均生物量为 7.116 mg/L，其中 9 月平均生物量最大，为 9.43 mg/L；5 月最小，为 5.02 mg/L。
其中，全年原生动物的平均生物量为 0.02 mg/L，轮虫的平均生物量为 0.25 mg/L，枝角类的
平均生物量为 0.29 mg/L，桡足类的平均生物量为 6.56 mg/L。各监测点浮游动物的生物量
分布有较大差异，浮游动物生物量最大处为万亩鱼塘3（4#），最小处为鱼塘（9#）；原生动物
生物量分布为池塘（10#）最多，水库1（5#）最少；轮虫生物量分布为潮间带1（15#）最多，水
库2（6#）最少；枝角类生物量分布为万亩鱼塘3（4#）最多，而鱼塘（9#）、潮间带2（16#）、北
排水河1（17#）处几乎没有；桡足类生物量分布相对较平均，万亩鱼塘3（4#）监测点分布最
多，具体情况见表 4-5-2。

表 4-5-2　北大港湿地水系浮游动物生物量（湿重）随时间变化情况　　　　　单位：mg/L

类别	4 月	5 月	9 月	10 月	平均值
原生动物 Protozoan	0.02	0.01	0.04	0.01	0.02
轮虫 Rotifera	0.13	0.15	0.61	0.12	0.25
枝角类 Cladoceran	0.08	0.03	0.65	0.38	0.29
桡足类 Copepoda	7.15	4.83	8.13	6.14	6.56
总计	7.38	5.02	9.43	6.65	7.11

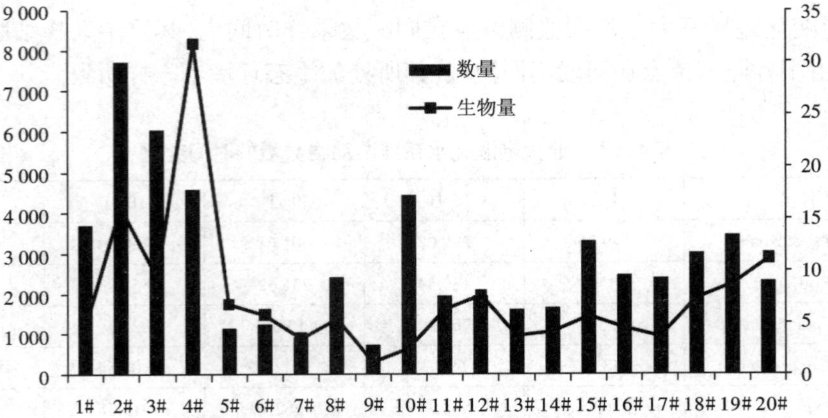

图 4-5-1　北大港湿地水系浮游动物各监测点丰度和总生物量的分布

4.5.2.4 各监测点生物学评价

由北大港湿地水系 20 个监测点的多样性指数曲线（图 4-5-2）可以看出，浮游动物的多样性指数在各监测点的变化趋势大致相同。河道（1#）、万亩鱼塘 2（3#）、水库 1（5#）、水库 2（6#）、水库 3（7#）、水库 4（8#）、鱼塘（9#）、池塘（10#）、防潮闸（11#）、独流减河 2（14#）、潮间带 1（15#）的多样性指数较高，依据环境质量评价分级标准属于中度污染类型；万亩鱼塘 1（2#）、万亩鱼塘 3（4#）、采油田（12#）、独流减河 1（13#）、潮间带 2（16#）、北排水河 1（17#）、北排水河 2（18#）、子牙河（闸口）（19#）、子牙河（鱼塘）（20#）的多样性指数较低。

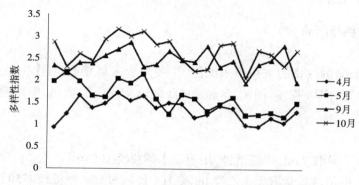

图 4-5-2　北大港湿地水系各监测点多样性指数曲线

4.5.3 浮游动物保护建议

浮游动物群落在湿地、湖泊等生态系统以及要素循环中的作用显著。

为了维持湿地的正常功能，保护生物多样性，防止水体富营养化的发展及水质恶化，首先要保证有足够和良好的水源供应，特别是在旱季及时补充水源，增加河水的循环和流动性，这是维持湿地功能的关键要素。

北大港湿地自然保护区内主要的农业经济活动是人工养殖渔业，从水环境保护、合理利用水资源和维系良性水生态系统考虑，有必要有计划地适当控制养殖渔业的规模，并科学掌握人工饵料和鱼药等的投放量，同时，保护区内工农业点源和面源污染的控制也不容忽视。

4.6　底栖动物资源调查

底栖动物是生活在水体底部的肉眼可见的动物群落，主要包括环节动物、软体动物、甲壳动物和水生昆虫幼虫等，是水生态系统中重要的生态类群，同时在水质监测和评价中也发挥着重要作用。其长期生活在水体的底部，能在水体底部翻匀底质，加速碎屑的分解，调节泥水界面物质交换，促进水体自净等，这样有助于水体内的物质循环和能量流动。水体环境包括底质的结构、水体颗粒物的大小、水体中有机质的含量以及水体的稳定性，这些对底栖动物群落结构都会产生一定的影响。由于底栖动物对环境变化反应敏感，当水受到污染时，底栖动物群落结构及多样性将会发生改变，同时，不同种类底栖动物对环境条件的适应性及对污染等不利因素的耐受力和敏感程度不同,因此,其种类和群落特征作为环境评价指标在内陆水域的水质检测中得到广泛的应用。

通过对北大港湿地保护区底栖动物的调查,分析其群落结构组成、优势种类、数量、密度、多样性指数等参量,结合各点周边的水生态环境,进而分析其水质状况,以此来了解保护区的水生态状况,采取相应的措施与办法解决水环境问题,提高经济效益,对湿地的保护和养殖业的持续发展有着极其重要的意义。底栖动物采样点与浮游植物采样点相同。

4.6.1 材料与方法

4.6.1.1 实验材料与药品

1. 实验用具

面积为 1/20 m² 的改良的彼得生采泥器(主要用于采集寡毛类、水生昆虫、小型软体动物)、40 目分样筛、广口瓶、解剖镜、解剖针、显微镜、天平、尖嘴镊、解剖盘、滤纸、胶头滴管等。

2. 药品

1)甲醛溶液。量取 7 mL 甲醛溶液,用蒸馏水稀释至 100 mL。

2)75% 的乙醇溶液。量取无水乙醇 [ω(C_2H_5OH)=99.8%,分析纯]750 mL,用蒸馏水混合稀释至 1 000 mL。

4.6.1.2 采样方法

用面积为 1/20 m² 的改良的彼得生采泥器采样,将采集的泥样全部倒入塑料盆内,经 40 目(筛孔 0.42 mm)分样筛筛洗,将肉眼看得见的动物连同所余杂物全部装入塑料袋中,并同时放进标签(注明编号、采样点、时间等),扎紧袋口后带回室内分检(如从采样到分检超过 2 h,则在袋中加入适量固定液)。因时间关系不能立即进行分检工作的,应将样品放入冰箱(0 ℃),或把塑料袋口打开,置于通风、凉爽处,以防止样品中底栖动物在环境改变后突然死亡、昆虫迅速羽化,造成数量上的损失。

4.6.1.3 分样

分拣出与泥沙、腐屑等混合在一起的小型动物,如水蚯蚓、昆虫幼虫等,需在室内进行仔细分样。将洗净的样品置于白瓷盘中,加入清水,利用尖嘴镊、胶头滴管、放大镜等工具进行挑选,将挑选出的各种动物分别放入已装好固定液的广口瓶中,直到采样点采集到的标本全部检完为止。在广口瓶外贴上标签,最后将瓶盖拧紧保存。

4.6.1.4 样本的固定

1. 环节动物的固定

将标本置于培养皿中,加入少量水,滴加 75% 的乙醇 1~2 滴,每隔 5~10 min 再加 1~2 滴,直至虫体完全麻醉,待虫体舒展伸直后,移入 7% 的甲醛溶液中固定,24 h 后,再移入 75% 的乙醇中保存。

2. 甲壳动物的固定

一般将甲壳动物直接投入 7% 的甲醛溶液中固定,24 h 后再移入 75% 的乙醇中保存。

3. 软体动物的固定

由于采集到的软体动物几乎全部是死亡的,所以可以直接将其放入 7% 的甲醛溶液或 75% 的乙醇溶液中固定,再移入 75% 的乙醇溶液中固定。

以上固定液和保存液的体积为动物体积的 10 倍以上,否则应在 2~3 d 后更换一次。

4.6.1.5　样品的鉴定

软体动物和水栖寡毛类的优势种应鉴定到种,对于疑难种类应有固定标本,以便进一步分析鉴定。水栖寡毛类等应在解剖镜或显微镜下观察鉴定。

4.6.1.6　计数与称重

1. 计数

将每个采样点所采到的底栖动物按不同种类准确地统计个体数,再根据采泥器的开口面积推算出其在 1 m² 内的数量。

2. 称重

小型种类如水丝蚓、沙蚕等,可将它们从保存剂中取出,放在滤纸上轻轻翻动,以吸取标本上附着的水分,然后置于天平上称重。由于软体动物已死亡,只剩下壳,所以所称出的软体动物的质量是壳重。

4.6.2　分析方法

4.6.2.1　群落结构分析

种类组成是群落最基本的特征,它决定群落的性质,可以反映生物群落与环境的相互关系,是群落生态学研究的重要内容。同时种类组成又受周围环境的综合影响,包括生物和非生物环境因子的影响,不同生境栖息的生物种类和组成各不相同。我国对软相底质大型底栖动物群落的研究资料有限,依据一些相近环境的历史资料,大型底栖动物主要由软体动物、甲壳动物和环节动物组成。

物种的聚类与排序能够反映其数量与分布规律,不同的物种因其食性与生活习性的差异,会在环境梯度条件下呈现一定的聚集特性。用等级聚类和群落排序分析方法对底栖动物群落的结构变化进行分析,可较全面地反映出某一区间物种的生态位宽度与生态位重叠程度。进行群落结构分析时,为了减少机会种对群落结构分析的影响,需要对原始数据进行优化:首先去掉在各站位丰度之和小于总丰度 1% 的种,再递补在各站位丰度大于 3% 的种,以减少机会种对群落结构的干扰。群落结构的差异显著性包括丰度之间和生物量之间的相似性。

底栖动物优势种的确定采用以下公式:

$$Y=(n_i/N)\times f_i \tag{4-2}$$

式中　n_i——第 i 种的个体数;

　　　N——所有种类总个体数;

　　　f_i——出现频率。

计算结果 Y 值大于 0.02 的种,被定为优势种。

4.6.2.2　多样性分析

物种多样性能表征生物群落和生态系统结构的复杂性,体现群落的结构类型组织水平、发展阶段、稳定程度和生境差异,具有重要的生态学意义。分析生物群落的多样性一般从两方面来考虑:一是群落中物种的丰富性,二是群落中物种的异质性。不同的多样性指数所强调的物种丰富性和异质性的程度不同。

本研究采用的丰富度指数(d)综合了样品中种类数目和丰度的信息,表示一定动物丰度中的物种数,计算公式为:

$$d=(S-1)/\ln N \tag{4-3}$$

式中　S——样本底栖动物种类数;

　　　N——样本中底栖动物的总个数。

香农－威纳(Shannon-Wiener)指数是最常用的多样性指数,它借用了信息论的不定性测量方法来预测群落中下一个采集到的样本属于哪一种,因此,群落的多样性越高,采集的不定性就越大,它综合了群落的丰富性和均匀性两方面的影响,计算方法如下。

$$H=-\sum_{i=1}^{S}(n_i/N)\log_2(n_i/N) \tag{4-4}$$

式中　n_i——第 i 类物种的个数;

　　　N——样本中底栖动物的总个数。

本次分析还使用了 Goodnight 修正指数(GBI),Goodnight 修正指数的计算方法如下。

$$GBI=(N-N_{oi})/N$$

式中　N——样品中底栖动物个体总数;

　　　N_{oi}——样品中寡毛类个体总数。

生物学污染指数(Biology Pollution Index,BPI)计算如下。

$$BPI=\lg(N_1+2)/[\lg(N_2+2)+\lg(N_3+2)] \tag{4-5}$$

式中　N_1——寡毛类、蛭类、摇蚊幼虫个体数,ind/m²;

　　　N_2——多毛类、甲壳类、除摇蚊外的水生昆虫个体数,ind/m²;

　　　N_3——软体动物个体数,ind/m²。

这 4 种指数计算方法可以有效地推测物种多样性及检测区域的生物指数与水质情况。生物指数与水质等级标准见表 4-6-1。

表 4-6-1　生物指数与水质等级标准

生物指数	I	II	III	IV	V
	清洁	轻污染	中污染	重污染	严重污染
Goodnight 修正指数(GBI)	>0.8	0.6~0.8	0.4~0.6	0.2~0.4	0.1~0.2
香农－威纳多样性生物指数(H)	>3	2~3	1~2	0~1	0
丰富度指数(d)	>3.5	2~3.5	1~2	0~1	0
生物学污染指数(BPI)	<0.1	0.1~0.5	0.5~3.0	3.0~5.0	>5.0

4.6.3　调查结果

4.6.3.1　种类组成

春、秋季对底栖生物的采样调查共采集了软体动物 19 种,分别为中华圆田螺、纹沼螺、青蛤、缢蛏、尖口圆扁螺、椭圆萝卜螺、微黄镰玉螺、管角螺、钉螺、玛瑙螺、方斑玉螺、文蛤、贻贝、牡蛎、福寿螺、毛蚶、海湾扇贝、笋椎螺、藤壶;环节动物 2 种,分别为寡毛类的霍普水丝蚓和多毛类的日本刺沙蚕;甲壳动物 2 种,分别为南美白对虾、中华近方蟹;水生昆虫 1 种,为摇蚊幼虫。其中春季优势种为青蛤、文蛤、牡蛎,其优势度分别为 0.354、0.049、0.07,青蛤为绝对优势种,是因为 11#、16# 采样点附近有青蛤养殖区,养殖期间少量的青蛤幼苗被带入这两个采样点中,导致附近的底栖生物中青蛤数量庞大。由于其靠近养殖区域,其全年优势度较为平稳,稳定在 0.30~0.35 之间。

秋季的优势种为青蛤、文蛤、牡蛎,其优势度分别为 0.326、0.069、0.04。牡蛎秋季的优势度大于春季的,是因为牡蛎主要分布在 11#、15# 采样点,15# 由于处于潮间带,10 月采样时处于高潮位,未采集到样本,所以优势度有明显降低,从 0.07 减少到 0.04。文蛤优势度由于季节变化,呈上升趋势,由春季的 0.049 上升到 0.069。

4.6.3.2　生物量

根据春季采样调查,底栖动物中环节动物的数量较多,为 297 ind/m²,生物量为 71.25 g/m²;甲壳动物的数量最少,为 8.1 ind/m²,生物量为 7.126 g/m²。在各个采样点中 4# 采样点底栖动物数量最多,为 1 590 ind/m²,生物量为 465.6 g/m²;14#、10# 数量较少,分别为 90、108 ind/m²,生物量分别为 20.52、25.38 g/m²。

根据秋季采样调查,底栖动物中环节动物的数量较多,为 33 3 ind/m²,生物量为 118.29 g/m²;甲壳动物的数量最少,为 5.40 ind/m²,生物量为 14.48 g/m²。在各个采样点中,4#、2# 采样点底栖动物中数量最多,分别为 2 090、2 026 ind/m²,生物量分别为 585、1 156 g/m²,15# 采样点为潮间带,秋季采样时处于涨潮期间,未取得底栖动物;9#、3#、6# 采样点底栖动物中数量较少,分别为 54、72、72 ind/m²,生物量分别为 16.02、26.64、45 g/m²。与春季相比较,软体动物、环节动物、甲壳动物的数量无显著差异,但生物量远高于春季;水生昆虫摇蚊幼虫的数量远低于春季,但其生物量无显著差异。

4.6.3.3　利用大型底栖动物的生物多样性进行监测评估

根据上文的香农–威纳指数和丰富度指数的计算方法,计算出 20 个采样点的指数,对水质情况做一个初步判定,如表 4-6-2 所示。

表 4-6-2　多样性指数分析

采样点	H	d	BPI	GBI	综合评价
1#	3.67(Ⅰ)	0.32(Ⅲ)	0.95(Ⅲ)	0.34(Ⅲ)	轻度污染
2#	2.63(Ⅱ)	0.28(Ⅲ)	0.54(Ⅲ)	0.66(Ⅳ)	轻度污染
3#	1.90(Ⅲ)	0.44(Ⅲ)	0.13(Ⅱ)	1.00(Ⅰ)	轻度污染
4#	1.27(Ⅲ)	0.26(Ⅲ)	0.87(Ⅲ)	0.58(Ⅲ)	中度污染

采样点	H	d	BPI	GBI	综合评价
5#	2.08（Ⅱ）	0.33（Ⅲ）	0.32（Ⅱ）	0.82（Ⅰ）	清洁
6#	0.67（Ⅳ）	0.43（Ⅲ）	0.13（Ⅱ）	1.00（Ⅰ）	轻度污染
7#	1.25（Ⅲ）	0.36（Ⅲ）	0.61（Ⅲ）	0.62（Ⅳ）	轻度污染
8#	1.10（Ⅲ）	0.30（Ⅲ）	0.06（Ⅰ）	1.00（Ⅰ）	清洁
9#	1.07（Ⅲ）	0.41（Ⅲ）	0.60（Ⅲ）	0.63（Ⅳ）	中度污染
10#	0.53（Ⅳ）	0.42（Ⅲ）	0.13（Ⅱ）	1.00（Ⅰ）	轻度污染
11#	0.87（Ⅳ）	0.33（Ⅲ）	0.54（Ⅲ）	0.69（Ⅳ）	中度污染
12#	1.49（Ⅲ）	0.31（Ⅲ）	0.60（Ⅲ）	0.49（Ⅲ）	中度污染
13#	0.67（Ⅳ）	0.43（Ⅲ）	0.11（Ⅱ）	1.00（Ⅰ）	清洁
14#	0.67（Ⅳ）	0.44（Ⅲ）	0.13（Ⅱ）	1.00（Ⅰ）	清洁
15#	0	0	0	0	—
16#	1.31（Ⅲ）	0.33（Ⅲ）	0.08（Ⅰ）	1.00（Ⅰ）	清洁
17#	0.94（Ⅳ）	0.40（Ⅲ）	0.34（Ⅱ）	0.78（Ⅳ）	轻度污染
18#	0.94（Ⅳ）	0.30（Ⅲ）	0.06（Ⅰ）	1.00（Ⅰ）	清洁
19#	2.62（Ⅱ）	0.31（Ⅲ）	0.07（Ⅰ）	1.00（Ⅰ）	清洁
20#	0.84（Ⅳ）	0.31（Ⅲ）	0.06（Ⅰ）	1.00（Ⅰ）	清洁

根据上表计算得出的丰富度指数 d、香农－威纳指数 H、修正指数 GBI、生物学污染指数 BPI，对比相对指数表，总结出北大港湿地监测的 20 个采样点中，5#、8#、13#、14#、16#、18#、19#、20# 这 8 个采样点的水质综合评价结果为清洁，1#、2#、3#、6#、7#、10#、17# 这 7 个采样点的生物指标为轻度污染。1#、2#、3#、6#、7# 采样点为水库区域，其底质中含有大量有机质，水体出现少量的富营养状况。其中 2# 采样点出现了少量的中华圆田螺，需要做好早期预防，做出相应措施。10#、17# 采样点位于河流下游，上游大量养殖区的养殖水对这两个采样点的生物指数有一定影响，故使这两个采样点的生物多样性较小。4#、9#、11#、12# 这 4 个采样点的生物指标为中度污染，其中 4#、11#、12# 这 3 个采样点的寡毛类较多，出现了重要的指示生物——霍普水丝蚓，表明生态系统受到不同程度污染，需要加强管理。15# 采样点由于处在潮间带，由于多次采样时处于高潮期，未采到生物样本，导致此处生物指标无法计算，所以忽略不计。

4.6.4 底栖动物多样性保护建议

由于底栖动物对环境变化较敏感，因此通常用作水体污染的指示生物，并被称为"水下哨兵"。底栖动物作为指示生物能综合反映环境的生态状况，可体现环境在较长时间内的变化情况。例如，当河流受到苯酚和农药等有机物污染后，虽然采取适当措施可使水体理化条件短期内恢复正常，但持久性的污染物会沉入水体的底泥中，对水体生物产生持续毒害。在这种情况下，借助对底栖动物的研究可了解水体环境的真实情况。因此，为了保护保护区底栖动物多样性,有如下建议。

首先,应加强对保护区湿地环境污染的综合整治,切实改善水域的环境质量,尤其对与人类生活密切相关的地区进行污染物监控,对目前处于严重污染状态的区域进行必要的处理,定时定期对该区域进行污染监测,有的放矢,确保生态环境质量得到改善。

其次,要加大对湿地保护区生物资源的保护力度。众所周知,生物资源是湿地保护区资源的重要组成部分,生物资源的匮乏势必会带来诸多问题,尤其是底栖动物,它们是生物资源的一部分,所以应避免滥采乱捕,特别是对稀有物种,而是要据其最适捕获量,予以充分利用,维持现有的生物量,以保护生物多样性和资源的再生能力,实现资源的可持续利用。

最后,全力保证生物修复工程的稳步推进。生物修复是维护生态系统的一个重要举措,近年来越来越多地被用到生态环境保护当中,也呈现出明显的效果,而且这种方法与传统的物理和化学方法相比有许多优越之处,最重要的是不会对环境产生二次污染,多次验证表明其有应用前景。所以应继续开展以自然恢复为主、辅以合适的建群种并合理利用生物技术的生态修复措施,提高环境的自净能力,最终实现生物修复工程在保护区的广泛应用。

第 5 章　保护区管理现状及建议

5.1　保护区机构设置

建立和完善自然保护区组织管理机构是实施国家对自然保护区的方针、政策、法规、条例的基本保证,应本着"精简机构、结构合理、运转协调、统一高效"的机构设置原则,从机构的科学性和整体性出发,合理编制机构人员,简化行政程序,建立起决策、实施、监督、协调有机结合的管理运行机制。

天津北大港湿地自然保护区作为市属区管的自然保护区,2015 年滨海新区整合了 4 个相关部门,成立了天津市北大港湿地自然保护区管理中心,隶属天津市滨海新区农业农村委员会,为副处级事业单位,编制 40 人,经费来源为财政全额拨款。天津北大港湿地自然保护区管理中心内设 6 个机构,分别是办公室、科教信息科、湿地管理科、野生动植物资源监管科、植物与农药监管科和生态监察科。

5.2　保护区现有基础设施

天津北大港湿地自然保护区内部道路主要以边界路为主。独流减河宽河槽南北堤和北大港水库四周大堤均有沿堤车行道。北大港水库北堤、西堤道路已经重新铺装沥青,南堤部分段经过混凝土硬化。独流减河内部有 1 条南北向混凝土道路连接南北堤。沙井子水库四周有环库道路,均为土路。李二湾区域沿子牙新河两侧各有 1 条堤顶土路。

保护区按照属地管理原则,已建立 6 个管理站点。其中,北大港水库建有水库管理所,已设立东西两个卡口;独流减河下游有渔苇管理所管理站点,已设立南北两个卡口;沙井子水库、李二湾分别建有管理站;钱圈水库有钱圈水库管理所,区域道路已实行车辆禁入措施。北大港水库有 7 个渔业合作社管理用房,水库南北堤建成观鸟屋 2 个。保护区共建有观鸟屋 6 个、监测塔 4 个。独流减河区域建成监控设施 13 处,实现 24 h 实时监控。

5.3　保护区发展存在的问题

1. 保护区内尚存部分生产经营活动,不利于环境保护

保护区周边部分村民在保护区内有生产经营活动,天津市土地整理中心具有独流减河河滩地部分土地所有权,有取土行为发生。部分企业建设设施进入了保护区。长期的人为活动对保护工作带来压力,形成挑战。

2. 外来入侵物种蔓延,影响湿地功能

20 世纪 90 年代,为解决促淤造陆、发展海洋牧场,解决海水净化等问题,天津市水利研

究单位在沿海滩涂引种互花米草。由于其根蘖能力较强,其种子传播能力强,能进行无性和有性繁殖,目前,该物种已呈现蔓延趋势。据统计,滨海新区沿海滩涂已有互花米草 733.7 万 m^2 左右。其中,保护区缓冲区李二湾沿海滩涂互花米草面积约有 133.4 万 m^2,且有蔓延趋势。外来有害生物入侵改变了保护区的自然环境、潮滩结构和水生物种栖息环境,致使保护区内部分浅海鱼虾、贝类繁殖地丧失,侯鸟栖息地减少,湿地功能退化。

3. 湿地水源缺乏稳定保障,湿地存在退化风险

近年来,受天津市降雨量较少,独流减河、青静黄河、子牙新河等河流地表水质差,独流减河静海段、西青段筑坝拦水,北大港水库南水北调工程未见客水,南部水循环工程未竣工引水,保护区核心区、缓冲区和实验区泵站设备老化等诸多因素影响,保护区生态用水没有稳定保障,生态用水极度短缺。

4. 保护区保护任务繁重、监管力量缺失

北大港湿地面积大,保护地分散,地形地貌复杂,驻区企业较多,野生动物种群数量大,加之保护管理机构刚刚建立,面临机制体制不完善,管护人员少,监管设施不全,技术手段滞后,基础设施薄弱,对外协调难度大,保护监测和科学评价体系不健全,未建立横向和纵向的生态补偿机制和标准,植被修复、湿地防火、病虫害防治压力大等诸多难题,监督管理机制、保护技术手段、科研监测和人才队伍能力亟待提升。

5.4　保护区管理建议

1. 加强保护区执法监督力度

保护区应实行分区管理,重点保护。核心区实施绝对保护,可进行科研教学研究,不得进行任何影响或干扰生态环境的活动,核心区必须经保护区主管部门批准后方准进入;缓冲区,可划定重点区域进行保护,禁止大量人为活动;实验区,可根据现有的条件划定不同的使用功能,对自然环境良好的地区,与核心区一样对其实行严格的保护。对其他地区,可开展科学实验、教学实习、参观考察和多种经营活动。

2. 加强南北湿地水系连通,着力解决湿地生态用水

通过工程措施,打通大黄堡路南北两侧的原生湿地水系,构建自然保护区南北水系连通体系,同时充分利用上游北京排污河客水补给,为湿地提供稳定的生态水源,保障湿地生态系统的健康稳定。

3. 建立健全保护区基础设施

基础设施范围包括:资源保护工程设施,宣传教育设施,办公、生活设施,道路及通信设施,生态旅游设施。基础设施建设应基本满足保护区开展各项工作,具备基本的湿地与鸟类生态系统的保护、科研、宣传、教育、资源开发利用、生态旅游等条件。

4. 建设鸟类生态观测系统

建立以自动电视监视和声音观测设备为主体的现代化的鸟类观测系统,观测鸟类(湿地鸟类、猛禽类等)的数量变化、分布区域及栖息地变化情况。在独流减河南端与缓冲区交

汇处及实验区南部,根据鸟类及水生植物丰富的现状特点,建设野外水下生物观测窗。

5. 设立鸟类救助站

鸟类救护是野生动物保护特别是鸟类保护的重要内容,在保护区建设鸟类救助站是该自然保护区多样性保护和管理规划的一部分。救助站主要用于救护在园区内甚至是附近地区受伤的野生鸟类以及受保护野生动物的护理、养殖和放生等方面。救助站既是保护区的功能机构,也可作为青少年科普教育和野生动物保护教育的重要场所。

6. 建设鸟类科普宣传基地

建设鸟类及湿地生物多样性教育科普基地,内设陈列室、科普画廊、多媒体教室、实验室、湿地教育展览室等,运用多种手段和方式,广泛开展科普活动。

7. 建设湿地生态恢复基地

以湿地公园的形式建设湿地生态恢复基地,开展湿地恢复科研工作,逐步恢复湿地状态。

附录

附录 I　北大港湿地自然保护区浮游植物生物量统计表

	总量	蓝藻门	隐藻门	甲藻门	金藻门	黄藻门	硅藻门	裸藻门	绿藻门
1# 数量	595.94	468.25	10.35	6.6	—	4.25	74.66	6.17	41.23
1# 生物量	31.61	30.13	0.21	0.01	—	0.08	0.81	0.22	0.48
2# 数量	4 192.12	3 669.95		2.56	6.1	—	79.13	1.59	438.31
2# 生物量	6.19	5.36	—	0.02	0.02		0.34	0.24	0.37
3# 数量	9 517.41	9420.56	20.15	—	—		47.02	127.2	15.91
3# 生物量	34.10	32.083	0.4	—	—		0.87	3.82	0.02
4# 数量	14 869.35	2 033.59			16.66	103.6	839.95	42.82	12 929.98
4# 生物量	13.85	5.40	—	—	0.08	1.03	4.52	0.620	3.19
5# 数量	4 433.61	4 361.48		3.05	—		22.59	8.10	87.16
5# 生物量	2.33	1.60	—	0.02	—		0.36	0.11	0.60
6# 数量	516.28	275.78		6.43	—		147.37	—	183.63
6# 生物量	3.06	1.95	—	0.34	—		0.85	—	0.18
7# 数量	4 003.19	2 948.86	91.2	9.55	62.6		50.95	5.3	834.74
7# 生物量	20.15	27.95	0.91	0.08	0.07		0.9	0.21	4.66
8# 数量	12 848.46	9 703.30	87.75	14.61	41.47	184.85	84.86	10.79	2 845.79
8# 生物量	94.63	89.79	1.14	0.88	0.05	1.97	1.56	0.39	0.60
9# 数量	2 232.8	1 950.6	—	11.13	—	2.3	19.85	—	513.18
9# 生物量	7.21	4.37	—	0.09	—	0.01	0.54	—	4.54
10# 数量	11 331.45	11 710.5	—	20.15	—	1.8	98.01	—	21 660
10# 生物量	1.89	0.77	—	1.73	—	0.01	0.51	—	2.33
11# 数量	6 662.20	2 805.70	—	28.49	24.15	—	254.30	16.33	3 555.46
11# 生物量	46.94	38.34	—	1.71	0.06		3.96	0.69	3.37
12# 数量	4 493.12	1 170.45	0.8	8.76	27.66	287.79	41.11	108.24	3 083.45
12# 生物量	11.81	2.42	0.02	0.66	0.03	0.02	2.63	4.45	2
13# 数量	6 703.86	3 547.67	12.8	15.92	7.34	585.24	356.51	2.29	2 487.12
13# 生物量	44.30	37.09	0.13	1.27	0.02	0.69	3.49	0.11	2.61
14# 数量	7 048.49	2 369.26	21.60	16.70	1.71	2 362.4	146.59	6.28	3 311.13
14# 生物量	12.14	6.48	0.22	0.91	0.02	2.38	2.36	0.25	1.09
15# 数量	4 462.37	2 347.05	5.8	4.54	15.10	179.71	254.31	29.87	1625.99

	总量	蓝藻门	隐藻门	甲藻门	金藻门	黄藻门	硅藻门	裸藻门	绿藻门
15# 生物量	11.61	5.41	0.15	0.79	0.04	1.90	2.73	1.20	0.63
16# 数量	17 037.19	16 989.12	3.18	9.54	—	—	44.09	—	—
16# 生物量	23.40	21.89	0.13	0.38	—	—	1.35	—	—
17# 数量	20 708.31	20 541.08	—	—	1.59	—	164.82	2.66	—
17# 生物量	10.46	9.31	—	—	0.01	—	1.1	0.09	—
18# 数量	11 660.35	3 590.38	—	—	—	—	72.66	31.8	15 940.17
18# 生物量	10.44	7.78	—	—	—	—	0.49	0.64	3.60
19# 数量	19 313.74	11 125.43	—	—	—	11	60.07	—	8 125.5
19# 生物量	28.25	25.21	—	—	—	0.11	1.29	—	1.73
20# 数量	8 324.85	56.41	—	—	—	—	310.53	—	7 957.92
20# 生物量	4.85	0.33	—	—	—	—	2.85	—	1.67
均值数量	8 573.81	5 265.85	32.24	8.48	17.13	158.47	726.84	18.97	4 055.40
均值生物量	20.96	16.96	0.28	0.41	0.03	1.13	1.68	0.64	1.74

注:数量单位为 ×10⁴ ind/L,生物量单位为 mg/L,1#、2#、3#、4#、5#、6#、7#、8#、9#、10#、11#、12#、13#、14#、15#、16#、17#、18#、19#、20# 为 20 个采样点。

附录Ⅱ 北大港湿地自然保护区维管植物名录表

序号	科名	属名	种名	学名	生活型
1	杨柳科	杨属	山杨	*Populus davidiana* Dode.	落叶乔木
2		柳属	旱柳	*Salix matsudana* Koidz.	落叶乔木
3	榆科	榆属	榆树	*Ulmus pumila* Linn.	落叶乔木
4	桑科	桑属	桑树	*Moru salba* L.	落叶乔木或灌木
5		葎草属	葎草	*Humulus scandens*（Lour.）Merr.	多年生攀缘草本
6		蓼属	柳叶刺蓼	*Polygonum bungeanum* Turcz.	一年生草本
7			萹蓄	*Polygonum aviculare* Linn.	一年生草本
8			红蓼	*Polygonum orientale* Linn.	一年生草本
9	蓼科		酸模叶蓼	*Polygonum lapathifolium* Linn.	一年生草本
10			西伯利亚蓼	*Polygonum sibiricum* Laxm.	多年生草本
11		酸模属	水蓼	*Polygonum hydropiper* Linn.	一年生草本
12			巴天酸模	*Rumex patientia* Linn.	多年生草本
13			齿果酸模	*Rumex dentatus* L.	多年生草木
14			长刺酸模	*Rumex trisetifer* Stokes.	一年生草本
15		盐角草属	盐角草	*Salicornia europaea* Linn.	一年生草本
16		藜属	灰绿藜	*Chenopodium glaucum* Linn.	一年生草木
17			大叶藜	*Chenopodium hybridum* L.	一年生草本
18			尖头叶藜	*Chenopodium acuminatum* Willd.	一年生草本
19			藜	*Chenopodium album* L.	一年生草本
20	藜科	地肤属	地肤	*Kochia scoparia*（L.）Schrad.	一年生草本
21		碱蓬属	碱蓬	*Suaeda glauca*（Bunge）Bunge.	一年生草本
22			盐地碱蓬	*Suaeda salsa*（Linn.）Pall.	多年生草本
23		猪毛菜属	猪毛菜	*Salsola collina* Pall.	一年生草本
24		滨藜属	滨藜	*Atriplex patens*（Litv.）Iljin.	一年生草本
25			中亚滨藜	*Atriplex centralasiatica* Iljin.	一年生草本
26		苋属	苋	*Amaranthus tricolor* L.	一年生草本
27	苋科		凹头苋	*Amaranthus lividus* L.	一年生草本
28			反枝苋	*Amaranthus retroflexus* L.	一年生草本
29			皱果苋	*Amaranthus viridis* L.	一年生草本
30	马齿苋科	马齿苋属	马齿苋	*Portulaca oleracea* L.	一年生草本
31	石竹科	鹅肠菜属	鹅肠菜	*Myosoton aquaticum*（L.）Moench.	多年生草本
32	金鱼藻科	金鱼藻属	金鱼藻	*Ceratophyllum demersum* L.	多年生沉水草本

序号	科名	属名	种名	学名	生活型
33	十字花科	芸薹属	白菜（人工）	*Brassica pekinensis*（Lour.）Rupr.	二年生草本
34		萝卜属	萝卜（人工）	*Raphanus sativus* L.	一二年生草本
35		独行菜属	独行菜	*Lepidium apetalum* Willdenow.	一二年生草本
36		匙荠属	匙荠	*Bunias cochlearioides* Murr.	二年生草本
37		荠属	荠菜	*Capsella bursa-pastoris*（Linn.）Medic.	一二年生草本
38		蔊菜属	风花菜	*Rorippa globosa*（Turcz.）Hayek.	一二年生草本
39			沼生蔊菜	*Rorippa islandica*（Oed.）Borb.	一二年生草本
40		盐芥属	盐芥	*Thellungiella salsuginea*（Pall.）O. E. Schulz.	一年生草本
41		播娘蒿属	播娘蒿	*Descurainia sophia*（L.）Webb. ex Prantl.	一年生草本
42	蔷薇科	委陵菜属	朝天委陵菜	*Potentilla supina* L.	一二年生草本
43			委陵菜	*Potentilla chinensis* Ser.	多年生草本
44		杏属	山杏	*Armeniaca sibirica*（Linn.）Lam.	灌木或小乔木
45		桃属	碧桃（人工）	*Amygdalus persica* L. var. persica f. duplex Rehd.	乔木
46			榆叶梅（人工）	*Amygdalus triloba*（Lindl.）Ricker.	灌木、小乔木
47	豆科	槐属	国槐（人工）	*Sophora japonica* Linn.	乔木
48		苜蓿属	紫苜蓿	*Medicago sativa* L.	多年生草本
49		木樨属	草木樨	*Melilotus officinalis*（Linn.）Pall.	二年生草本
50		紫穗槐属	紫穗槐	*Amorpha fruticosa* Linn.	落叶灌木
51		刺槐属	刺槐	*Robinia pseudoacacia* L.	落叶乔木
52		米口袋属	狭叶米口袋	*Gueldenstaedtia stenophylla* Bunge.	多年生草本
53		膨果豆属	背扁膨果豆	*Phyllolobium chinense* Fisch.ex DC.	多年生草本
54		胡枝子属	兴安胡枝子	*Lespedeza davurica*（Laxm.）Schindl.	草本状半灌木
55		大豆属	野大豆	*Glycine soja* Sieb. et Zucc	一年生缠绕草本
56		菜豆属	山绿豆	*Phaseolus minimus* Roxb.	一年生缠绕草本
57		落花生属	落花生（人工）	*Arachis hypogaea* Linn.	一年生草本
58		豇豆属	豇豆（人工）	*Vigna unguiculata*（Linn.）Walp	一年生缠绕草本
59	酢浆草科	酢浆草属	酢浆草	*Oxalis corniculata* L.	多年生草本
60	蒺藜科	蒺藜属	蒺藜	*Tribulus terrestris* L.	一年生草本
61		白刺属	西伯利亚白刺	*Nitraria sibirica* Pall.	落叶小灌木
62	苦木科	臭椿属	臭椿	*Ailanthusaltissima*（Mill.）Swingle	落叶乔木
63	楝科	楝属	楝树（人工）	*Melia azedarach* L.	落叶乔木

序号	科名	属名	种名	学名	生活型
64	大戟科	大戟属	地锦	*Euphorbia humifusa* Willd.	一年生草本
65			齿裂大戟	*Euphorbia dentata* Michx.	多年生草本
66		蓖麻属	蓖麻（人工）	*Ricinus communis* L.	一年生草本
67		铁苋菜属	铁苋菜	*Acalypha australis* L.	一年生草本
68	无患子科	栾树属	栾树	*Koelreuteria paniculate* Laxm.	落叶乔木或灌木
69	鼠李科	枣属	枣树（人工）	*Ziziphus jujuba* Mill.	落叶小乔木
70			酸枣	*Ziziphus jujuba* Mill. var. spinosa（Bunge）Hu ex H. F. Chow	落叶小乔木
71	锦葵科	木槿属	野西瓜苗	*Hibiscus trionum* Linn.	一年生草本
72			木槿（人工）	*Hibiscus syriacus* Linn.	落叶灌木
73		苘麻属	苘麻	*Abutilon theophrasti* Medicus	一年生灌木草本
74		棉属	棉花（人工）	*Gossypium herbaceum* Linn.	一年生草本
75	柽柳科	柽柳属	柽柳	*Tamarix chinensis* Lour.	乔木或灌木
76	堇菜科	堇菜属	紫花地丁	*Viola philippica* Cav.	多年生草本
77	千屈菜科	紫薇属	紫薇（人工）	*Lagerstroemia indica* L.	落叶灌木小乔木
78	石榴科	石榴属	石榴（人工）	*Punica granatum* L.	落叶灌木小乔木
79	柳叶菜科	山桃草属	小花山桃草	*Gaura parviflora* Dougl.	一年生草本
80	小二仙草科	狐尾藻属	狐尾藻	*Myriophyllum verticillatum* L.	多年生沉水草本
81	伞形科	蛇床属	蛇床	*Cnidium monnieri*（Linn.）Cuss.	一年生草本
82		胡萝卜属	胡萝卜（人工）	*Daucus carota* L. var. sativa Hoffm.	二年生草本
83	报春花科	点地梅属	点地梅	*Androsace umbellata*（Lour.）Merr.	一二年生草本
84	蓝雪科	补血草属	二色补血草	*Limonium bicolor*（Bag.）Kuntze	多年生草本
85	木樨科	梣属	绒毛白蜡（人工）	*Fraxinus velutina* Torr.	落叶乔木
86	夹竹桃科	罗布麻属	罗布麻	*Apocynum venetum* L.	直立半灌木
87	萝藦科	杠柳属	杠柳	*Periploca sepium* Bunge.	落叶蔓性灌木
88		萝藦属	萝藦	*Metaplexis japonica*（Thunb.）Makino.	多年生藤本
89		鹅绒藤属	鹅绒藤	*Cynanchum chinense* R.Br.	缠绕草本
90			地梢瓜	*Cynanchum thesioides*（Freyn）K. Schum.	多年生草本
91	旋花科	牵牛属	圆叶牵牛	*Pharbitis purpurea*（L.）Voigt	一年生缠绕草本
92			牵牛	*Pharbitis nil*（L.）Choisy	一年生缠绕草本
93		鱼黄草属	北鱼黄草	*Merremia sibirica*（L.）Hall. F.	缠绕草本
94		旋花属	田旋花	*Convolvulus arvensis* L.	多年生草本
95		打碗花属	打碗花	*Calystegia hederacea* Wall	多年生草质藤本
96		菟丝子属	菟丝子	*Cuscuta chinensis* Lam.	年生寄生草本

序号	科名	属名	种名	学名	生活型
97	紫草科	紫丹属	砂引草	*Tournefortia sibirica* Linn.	多年生草本
98		斑种草属	斑种草	*Bothriospermum chinense* Bunge	一年生草本
99		附地菜属	附地菜	*Trigonotis peduncularis*（Trev.）Benth.ex Baker et Moore.	一二年生草本
100	马鞭草科	牡荆属	荆条	*Vitex negundo* L. var. heterophylla（Franch.）Rehd.	落叶灌木
101	唇形科	夏至草属	夏至草	*Lagopsis supina*（Stephan ex Willd.）Ikonn.-Gal. ex Knorring	多年生草本
102		活血丹属	活血丹	*Glechoma longituba*（Nakai）Kupr	多年生草本
103		益母草属	益母草	*Leonurus artemisia*（Laur.）S. Y. Hu F	一二年生草本
104		地笋属	地笋	*Lycopus lucidus* Turcz.	多年生草本
105	茄科	枸杞属	枸杞	*Lycium chinense* Mill.	落叶灌木
106		茄属	龙葵	*Solanum nigrum* L.	一年生草本
107		酸浆属	小酸浆	*Physalis minima* Linn.	一年生草本
108		曼陀罗属	曼陀罗	*Datura stramonium* Linn.	多年生草本
109	玄参科	地黄属	地黄	*Rehmannia glutinosa*（Gaetn.）Libosch. ex Fisch. et Mey.	多年生草本
110		通泉草属	通泉草	*Mazus japonicus*（Thunb.）O.Kuntze	一年生草本
111	紫葳科	角蒿属	角蒿	*Incarvillea sinensis* Lam.	多年生草本
112	胡麻科	胡麻属	芝麻（人工）	*Sesamum indicum* L.	一年生草本
113	车前科	车前属	平车前	*Plantago depressa* Willd.	一二年生草本
114			车前	*Plantago asiatica* L.	多年生草本
115	茜草科	茜草属	茜草	*Rubia cordifolia* L.	多年生攀缘藤本
116	葫芦科	黄瓜属	小马泡	*Cucumis bisexualis* A.M. Lu et G. C. Wang ex Lu et Z.Y. zhang	一年生草本
117		丝瓜属	丝瓜（人工）	*Luffa cylindrica*（L.）Roem.	一年生攀缘藤本
118	菊科	马兰属	全叶马兰	*Kalimeris integrtifolia* Turcz. ex DC.	多年生草本
119		碱菀属	碱菀	*Tripolium vulgare* Nees.	一二年生草本
120		白酒草属	小飞蓬	*Conyza canadensis*（L.）Cronq.	一年生草本
121		旋覆花属	旋覆花	*Inula japonica* Thunb.	多年生草本
122		苍耳属	苍耳	*Xanthium sibiricum* Patrin ex Widder.	一年生草本
123		鳢肠属	鳢肠	*Eclipta prostrata*（Linn.）Linn.	一年生草本
124		向日葵属	向日葵（人工）	*Helianthus annuus* Linn.	一年生草本
125		鬼针草属	菊芋	*Helianthus tuberosus* Linn.	多年宿根性草本

续表

序号	科名	属名	种名	学名	生活型
126	菊科	蒿属	小花鬼针草	*Bidens pilosa* L.	一年生草本
127			碱蒿	*Artemisia anethifolia* Web. ex Stechm.	二年生草本
128			冷蒿	*Artemisia frigida* Willd. Sp. Pl.	多年生草本
129			黄花蒿	*Artemisia annua* Linn.	一年生草本
130			蒙古蒿	*Artemisia mongolica* Fisch. ex Bess. Nakai.	多年生草本
131			艾蒿	*Artemisia argyi* H. Levl. et. Vaniot.	多年生草本
132			猪毛蒿	*Artemisia scoparia* Waldst. et Kit.	多年生草本
133		蓟属	小蓟	*Cirsium setosum*（Willd.）MB.	多年生草本
134			大蓟	*Cirsium japonicum* DC.	多年生草本
135		泥胡菜属	泥胡菜	*Hemistepta lyrata*（Bunge）Bunge.	一年生草本
136		蒲公英属	蒲公英	*Taraxacum mongolicum* Hand.-Mazz.	多年生草本
137			华蒲公英	*Taraxacum borealisinense* Kitam.	多年生草本
138		苦苣菜属	苣荬菜	*Sonchus arvensis* Linn.	多年生草本
139		莴苣属	莴苣	*Lactuca sativa* Linn.	一二年生草本
140		山莴苣属	毛脉山莴苣	*Lactuca raddeana* Maxim.	二年生草本
141			山莴苣	*Lagedium sibiricum*（Linn.）Sojak	多年生草本
142		鸦葱属	蒙古鸦葱	*Scorzonera mongolica* Maxim.	多年生草本
143		乳苣属	北山莴苣	*Mulgedium sibiricum*（Linn.）Sojak	多年生草本
144		苦荬菜属	苦荬菜	*Ixeris sonchifolia* Hance	一年生草本
145			抱茎苦荬菜	*Ixeridium sonchifolium*（Maxim.）Shih	多年生草本
146	香蒲科	香蒲属	狭叶香蒲	*Typha angustifolia* L.	多年生水生草本
147	眼子菜科	眼子菜属	菹草	*Potamogeton crispus* L.	多年生沉水草本
148			龙须眼子菜	*Potarmogeton pectinatus* L.	多年生沉水草本
149		角果藻属	角果藻	*Zannichellia palustris* Linn.	多年生沉水草本
150	禾本科	芦苇属	芦苇	*Phragmites australias* Trin.	多年水生禾草
151		碱茅属	星星草	*Puccinellia tenuiflora*（Griseb.）Scribn.	多年生草本
152			碱茅	*Puccinellia distans*（Linn.）Parl.	多年生草本
153		獐毛属	獐毛	*Aeluropus sinensis*（Debeaux）Tzvel.	多年生草本
154		虎尾草属	虎尾草	*Chloris virgata* Swartz.	一年生草本
155		稗属	稗	*Echinochloa crusgali*（Linn.）Beauv.	一年生草本
156			长芒稗	*Echinochloa caudata* Roshev.	一年生草本
157			无芒稗	*Echinochloa crusgali*（Linn.）Beauv. var. mitis（Pursh）Peterm.Fl.	一年生草本
158			马唐	*Digitaria sanguinalis*（L.）Scop.	一年生草本

序号	科名	属名	种名	学名	生活型
159			狗尾草	*Setaria viridis*（L.）Beauv.	一年生草本
160		狗尾草属	金色狗尾草	*Setaria glauca*（L.）Beauv.	一年生草本
161			大狗尾草	*Setaria faberii* Herrm.	一年生草本
162		芦竹属	芦竹	*Arundo donax* L.	多年生草本
163	禾本科	白茅属	白茅	*Imperata cylindrica*（L.）Beauv.	多年生草本
164		牛鞭草属	牛鞭草	*Hemarthria altissima*（Poir.）Stapf et C. E. Hubb.	多年生草本
165		玉蜀黍属	玉米（人工）	*Zea mays* Linn.	一年生草本
166		黍属	稷	*Panicum miliaceum* L.	一年生草本
167		芒属	荻	*Triarrhena sacchariflora*（Maxim.）Nakai	多年生草本
168		藨草属	荆三棱	*Scirpus yagara* Ohwi.	多年生草本
169	莎草科		扁秆藨草	*Scirpus planiculmis* Fr.Schmidt	多年生草本
170		莎草属	碎米莎草	*Cyperus iria* Linn.	一年生草本
171			异型莎草	*Cyperus difformis* L.	一年生草本
172	灯心草科	灯心草属	灯心草	*Juncus effusus* L.	多年生草本
173	百合科	葱属	葱（人工）	*Allium fistulosum* L.	多年生草本
174	鸢尾科	鸢尾属	马蔺	*Iris lactea* Pall. var. chinensis（Fisch.）Koidz.	多年生草本

附录Ⅲ　北大港湿地自然保护区鸟类名录表

序号	中文名	拉丁名	区系	居留型	CITES	IUCN	保护级别	数据来源
一	**鸊鷉目**	**PODICIPEDIFORMES**						
（一）	**鸊鷉科**	**Podicipedidae**						
1	小鸊鷉	*Tachybaptus ruficollis*	E	R		LC		△
2	赤颈鸊鷉	*Podiceps grisegena*	P	P		LC	II	○
3	凤头鸊鷉	*Podiceps cristatus*	P	P		LC		△
4	角鸊鷉	*Podiceps auritus*	P	P		LC	II	△
5	黑颈鸊鷉	*Podiceps nigricollis*	P	P		LC		△
二	**鹈形目**	**PELACANIFORMES**						
（二）	**鹈鹕科**	**Pelecanidae**						
6	卷羽鹈鹕	*Pelecanus crispus*	E	P	I	VU	II	△
（三）	**鸬鹚科**	**Phalacrocoracidae**						
7	普通鸬鹚	*Phalacrocorax carbo*	E	P		LC		△
三	**鹳形目**	**CICONIIFORMES**						
（四）	**鹭科**	**Ardeidae**						
8	苍鹭	*Ardea cinerea*	E	S,P		LC		△
9	草鹭	*Ardea purpurea*	E	S,P		LC		△
10	大白鹭	*Egretta alba*	E	S		LC		△
11	中白鹭	*Egretta intermedia*	O	S,P		LC		△
12	白鹭	*Egretta garzetta*	O	S		LC		△
13	黄嘴白鹭	*Egretta eulophotes*	E	S		VU	II	△
14	牛背鹭	*Bubulcus ibis*	E	S		LC		
15	池鹭	*Ardeola bacchus*	O	S		LC		☆
16	夜鹭	*Nycticorax nycticorax*	E	S		LC		○
17	黄斑苇鳽	*Ixobrychus sinensis*	O	S		LC		☆
18	紫背苇鳽	*Ixobrychus eurhythmus*	P	S		LC		☆
19	栗苇鳽	*Ixobrychus cinnamomeus*	E	S		LC		☆
20	大麻鳽	*Botaurus stellaris*	P	S,P		LC		△
（五）	**鹳科**	**Ciconiidae**						
21	黑鹳	*Ciconia nigra*	E	S,W,P	II	LC	I	□
22	东方白鹳	*Ciconia boyciana*	P	S,W,P	I	EN	I	□
（六）	**鹮科**	**Threskiornithidae**						
23	白琵鹭	*Platalea leucorodia*	E	P	II	LC	II	△
24	黑脸琵鹭	*Platalea minor*	E	P		EN	II	□
25	彩鹮	*Plegadis falcinellus*	O	S	III	LC	II	△

序号	中文名	拉丁名	区系	居留型	CITES	IUCN	保护级别	数据来源
四	雁形目	**ANSERIFORMES**						
(七)	鸭科	**Anatidae**						
26	疣鼻天鹅	*Cygnus olor*	P	P		LC	II	△
27	大天鹅	*Cygnus cygnus*	P	P		LC	II	△
28	小天鹅	*Cygnus columbianus*	P	P		LC	II	△
29	鸿雁	*Anser cygnoides*	P	P		VU		△
30	豆雁	*Anser fabalis*	P	P		LC		△
31	白额雁	*Anser albifrons*	P	P		LC	II	△
32	小白额雁	*Anser erythropus*	P	P		VU		△
33	灰雁	*Anser anser*	P	P		LC		△
34	斑头雁	*Anser indicus*	P	P		LC		○
35	赤麻鸭	*Tadorna ferruginea*	P	W,P		LC		△
36	翘鼻麻鸭	*Tadorna tadorna*	P	P		LC		△
37	棉凫	*Nettapus coromandelianus*	P	S		LC		□
38	鸳鸯	*Aix galericulata*	P	P		LC	II	△
39	赤颈鸭	*Anas penelope*	P	P		LC		△
40	罗纹鸭	*Anas falcata*	P	P		NT		△
41	赤膀鸭	*Anas strepera*	P	P		LC		△
42	花脸鸭	*Anas formosa*	P	P	II	LC		△
43	绿翅鸭	*Anas crecca*	P	P		LC		△
44	绿头鸭	*Anas platyrhynchos*	P	W,P		LC		△
45	斑嘴鸭	*Anas poecilorhyncha*	P	S,P		LC		△
46	针尾鸭	*Anas acuta*	P	P		LC		△
47	白眉鸭	*Anas querquedula*	P	P		LC		△
48	琵嘴鸭	*Anas clypeata*	P	P		LC		△
49	赤嘴潜鸭	*Netta rufina*	P	P		LC		△
50	红头潜鸭	*Aythya ferina*	P	P		LC		△
51	青头潜鸭	*Aythya baeri*	P	P		CR		○
52	白眼潜鸭	*Aythya nyroca*	P	P		NT		○
53	凤头潜鸭	*Aythya fuligula*	P	P		LC		△
54	斑背潜鸭	*Aythya marila*	P	P		LC		○
55	丑鸭	*Histrionicus histrionicus*	P	W		LC		☆
56	长尾鸭	*Clangula hyemalis*	P	W		VU		○
57	斑脸海番鸭	*Melanitta fusca*	P	P		LC		△
58	鹊鸭	*Bucephala clangula*	P	P		LC		△
59	斑头秋沙鸭	*Mergellus albellus*	P	P		LC		△

序号	中文名	拉丁名	区系	居留型	CITES	IUCN	保护级别	数据来源
60	普通秋沙鸭	*Mergus merganser*	P	P		LC		△
61	中华秋沙鸭	*Mergus squamatus*	P	P		EN	I	○
五	**隼形目**	**FALCONIFORMES**						
（八）	**鹗科**	**Pandionidae**						
62	鹗	*Pandion haliaetus*	P	P	II	LC	II	△
（九）	**鹰科**	**Accipitridae**						
63	凤头蜂鹰	*Pernis ptilorhyncus*	P	P	II	LC	II	☆
64	黑翅鸢	*Elanus caeruleus*	O	R	II	LC	II	☆
65	黑鸢	*Milvus migrans*	E	P	II	LC	II	△
66	白尾海雕	*Haliaeetus albcilla*	P	P	I	LC	I	△
67	白腹鹞	*Circus spilonotus*	P	P	II	LC	II	△
68	白尾鹞	*Circus cyaneus*	P	S，P	II	LC	II	△
69	鹊鹞	*Circus melanoleucos*	P	S，P	II	LC	II	△
70	雀鹰	*Accipiter nisus*	P	P	II	LC	II	☆
71	日本松雀鹰	*Accipiter gularis*	P	S	II	LC	II	☆
72	普通鵟	*Buteo buteo*	E	P	II	LC	II	△
73	大鵟	*Buteo hemilasius*	P	W，P	II	LC	II	☆
74	毛脚鵟	*Buteo lagopus*	P	W，P	II	LC	II	☆
75	乌雕	*Aquila clanga*	E	P	II	VU	II	☆
76	白肩雕	*Aquila heliaca*	P	P	I	VU	I	△
77	金雕	*Aquila chrysaetos*	P	R	II	LC	I	☆
（十）	**隼科**	**Falconidae**						
78	红隼	*Falco tinnunculus*	P	S，W，P	II	LC	II	☆
79	红脚隼	*Falco amurensis*	P	P	II	LC	II	☆
80	灰背隼	*Falco columbarius*	P	P	II	LC	II	△
81	燕隼	*Falco subbuteo*	P	P	II	LC	II	☆
82	游隼	*Falco peregrinus*	E	P	I	LC	II	△
六	**鸡形目**	**GALLIFORMES**						
（十一）	**雉科**	**Phasianidae**						
83	日本鹌鹑	*Coturnix japonica*	P	W，P		NT		△
84	环颈雉	*Phasianus colchicus*	P	R		LC		△
七	**鹤形目**	**GRUIFORMES**						
（十二）	**鹤科**	**Gruidae**						
85	白鹤	*Grus leucogeranus*	P	P	I	CR	I	△
86	白枕鹤	*Grus vipio*	P	P	I	VU	II	△
87	灰鹤	*Grus grus*	E	W，P	II	LC	II	△

序号	中文名	拉丁名	区系	居留型	CITES	IUCN	保护级别	数据来源
88	白头鹤	*Grus monacha*	P	P	I	VU	I	☆
89	丹顶鹤	*Grus japonensis*	P	P	I	EN	I	△
（十三）	秧鸡科	**Rallidae**						
90	普通秧鸡	*Rallus aquaticus*	P	P		LC		☆
91	白胸苦恶鸟	*Amaurornis phoenicurus*	O	S		LC		☆
92	小田鸡	*Porzana pusilla*	P	S		LC		☆
93	红胸田鸡	*Porzana fusca*	E	S		LC		☆
94	董鸡	*Gallicrex cinerea*	O	S		LC		□
95	黑水鸡	*Gallinula chloropus*	O	S,P		LC		△
96	白骨顶	*Fulica atra*	P	S,P		LC		△
（十四）	鸨科	**Otididae**						
97	大鸨	*Otis tarda*	P	W,P	II	VU	I	○
八	鸻形目	**CHARADRIIFORMES**						
（十五）	水雉科	**Jacanidae**						
98	水雉	*Hydrophasianus chirurgus*	O	S		LC		☆
（十六）	蛎鹬科	**Haematopodidae**						
99	蛎鹬	Haematopus ostralegus	P	P		LC		☆
（十七）	反嘴鹬科	**Recurvirostridae**						
100	黑翅长脚鹬	*Himantopus himantopus*	E	S,P		LC		△
101	反嘴鹬	*Recurvirostra avosetta*	E	S,P		LC		△
（十八）	燕鸻科	**Glareolidae**						
102	普通燕鸻	*Glareola maldivarum*	O	S,P		LC		△
（十九）	鸻科	**Charadriidae**						
103	凤头麦鸡	*Vanellus vanellus*	P	P		LC		△
104	灰头麦鸡	*Vanellus cinereus*	P	P		LC		△
105	金鸻	*Pluvialis fulva*	E	P		LC		☆
106	灰鸻	*Pluvialis squatarola*	E	P		LC		△
107	长嘴剑鸻	*Charadrius placidus*	E	P		LC		△
108	金眶鸻	*Charadrius dubius*	P	S,P		LC		△
109	环颈鸻	*Charadrius alexandrinus*	E	S,P		LC		△
110	蒙古沙鸻	*Charadrius mongolus*	E	P		LC		○
111	铁嘴沙鸻	*Charadrius leschenaultii*	E	P		LC		○
（二十）	鹬科	**Scolopacidae**						
112	针尾沙锥	*Gallinago stenura*	E	P		LC		△
113	大沙锥	*Gallinago megala*	E	P		LC		☆
114	扇尾沙锥	*Gallinago gallinago*	E	P		LC		△

续表

序号	中文名	拉丁名	区系	居留型	CITES	IUCN	保护级别	数据来源
115	半蹼鹬	*Limnodromus semipalmatus*	E	P		NT		☆
116	黑尾塍鹬	*Limosa limosa*	E	P		NT		△
117	斑尾塍鹬	*Limosa lapponica*	E	P		LC		○
118	小杓鹬	*Numenius minutus*	P	P		LC	II	☆
119	中杓鹬	*Numenius phaeopus*	E	P		LC		☆
120	白腰杓鹬	*Numenius arquata*	E	P		NT		△
121	大杓鹬	*Numenius madagascariensis*	E	P		VU		△
122	鹤鹬	*Tringa erythropus*	E	P		LC		△
123	红脚鹬	*Tringa totanus*	E	S,P		LC		△
124	泽鹬	*Tringa stagnatilis*	E	P		LC		△
125	青脚鹬	*Tringa nebularia*	E	P		LC		△
126	白腰草鹬	*Tringa ochropus*	E	P		LC		△
127	林鹬	*Tringa glareola*	E	P		LC		△
128	翘嘴鹬	*Xenus cinereus*	E	P		LC		☆
129	矶鹬	*Actitis hypoleucos*	P	P		LC		△
130	翻石鹬	*Arenaria interpres*	E	P		LC		☆
131	大滨鹬	*Calidris tenuirostris*	E	P		VU		☆
132	红腹滨鹬	*Calidris canutus*	E	P		LC		☆
133	三趾滨鹬	*Calidris alba*	E	P		LC		☆
134	红颈滨鹬	*Calidris ruficollis*	E	P		LC		○
135	小滨鹬	*Calidris minuta*	E	P		LC		☆
136	青脚滨鹬	*Calidris temminckii*	E	P		LC		△
137	长趾滨鹬	*Calidris subminuta*	E	P		LC		☆
138	尖尾滨鹬	*Calidris acuminata*	E	P		LC		△
139	弯嘴滨鹬	*Calidris ferruginea*	E	P		LC		○
140	黑腹滨鹬	*Calidris alpina*	E	P		LC		☆
141	阔嘴鹬	*Limicola falcinellus*	E	P		LC		☆
142	流苏鹬	*Philomachus pugnax*	E	P		LC		△
143	红颈瓣蹼鹬	*Phalaropus lobatus*	E	P		LC		□
（二十一）	**鸥科**	**Laridae**						
144	黑尾鸥	*Larus crassirostris*	E	S,P		LC		△
145	普通海鸥	*Larus canus*	E	P		LC		△
146	银鸥	*Larus argentatus*	E	P		LC		△
147	西伯利亚银鸥	*Larus vegae*	E	P		LC		☆
148	灰背鸥	*Larus schistisagus*	E	W,P		LC		△
149	渔鸥	*Larus ichthyaetus*	P	P		LC		△

续表

序号	中文名	拉丁名	区系	居留型	CITES	IUCN	保护级别	数据来源
150	棕头鸥	*Larus brunnicephalus*	P	S		LC		△
151	红嘴鸥	*Larus ridibundus*	P	S,W,P		LC		△
152	黑嘴鸥	*Larus saundersi*	P	P		VU		○
153	遗鸥	*Larus relictus*	P	W,P	I	VU	I	△
（二十二）	燕鸥科	**Sternidae**						
154	鸥嘴噪鸥	*Gelochelidon nilotica*	P	S,P		LC		△
155	红嘴巨燕鸥	*Hydroprogne caspia*	E	P		LC		△
156	普通燕鸥	*Sterna hirundo*	P	S,P		LC		△
157	白额燕鸥	*Sterna albifrons*	E	S,P		LC		△
158	灰翅浮鸥	*Chlidonias hybrida*	E	S,P		LC		△
159	白翅浮鸥	*Chlidonias leucopterus*	E	S,P		LC		☆
九	鸽形目	**COLUMBIFORMES**						
（二十三）	鸠鸽科	**Columbidae**						
160	山斑鸠	*Streptopelia orientalis*	E	R		LC		△
161	灰斑鸠	*Streptopelia decaocto*	P	R		LC		☆
162	珠颈斑鸠	*Streptopelia chinensis*	O	R		LC		☆
十	鹃形目	**CUCULIFORMES**						
（二十四）	杜鹃科	**Cuculidae**						
163	四声杜鹃	*Cuculus micropterus*	E	S		LC		☆
164	大杜鹃	*Cuculus canorus*	E	S		LC		☆
十一	鸮形目	**STRIGIFORMES**						
（二十五）	鸱鸮科	**Strigidae**						
165	红角鸮	*Otus scops*	E	S,P	II	LC	II	☆
166	东方角鸮	*Otus sunia*	E	S,P	II	LC	II	☆
167	纵纹腹小鸮	*Athene noctua*	P	R	II	LC	II	☆
168	长耳鸮	*Asio otus*	P	S,W,P	II	LC	II	☆
169	短耳鸮	*Asio flammeus*	P	W,P	II	LC	II	☆
十二	夜鹰目	**CAPRIMULGIFORMES**						
（二十六）	夜鹰科	**Caprimulgidae**						
170	普通夜鹰	*Caprimulgus indicus*	E	S,P		LC		☆
十三	雨燕目	**APODIFORMES**						
（二十七）	雨燕科	**Apodidae**						
171	普通雨燕	*Apus apus*	P	S		LC		☆
十四	佛法僧目	**CORACIIFORMES**						
（二十八）	翠鸟科	**Alcedinidae**						
172	普通翠鸟	*Alcedo atthis*	E	R		LC		△

序号	中文名	拉丁名	区系	居留型	CITES	IUCN	保护级别	数据来源
173	蓝翡翠	*Halcyon pileata*	O	S,P		LC		☆
十五	**戴胜目**	**UPUPIFORMES**						
（二十九）	**戴胜科**	**Upupidae**						
174	戴胜	*Upupa epops*	E	S,P		LC		△
十六	**䴕形目**	**PICIFORMES**						
（三十）	**啄木鸟科**	**Picidae**						
175	蚁䴕	*Jynx torquilla*	P	P		LC		☆
176	棕腹啄木鸟	*Dendrocopos hyperythrus*	E	P		LC		☆
177	大斑啄木鸟	*Dendrocopos major*	E	R		LC		☆
178	灰头绿啄木鸟	*Picus canus*	E	R		LC		☆
十七	**雀形目**	**PASSERIFORMES**						
（三十一）	**百灵科**	**Alaudidae**						
179	大短趾百灵	*Calandrella brachydactyla*	P	W,P		LC		☆
180	短趾百灵	*Calandrella cheleensis*	P	S,W,P		LC		☆
181	云雀	*Alauda arvensis*	P	S,W,P		LC		△
（三十二）	**燕科**	**Hirundinidae**						
182	崖沙燕	*Riparia riparia*	P	P		LC		☆
183	家燕	*Hirundo rustica*	E	S,P		LC		△
184	金腰燕	*Hirundo daurica*	E	S,P		LC		☆
（三十三）	**鹡鸰科**	**Motacillidae**						
185	山鹡鸰	*Dendronanthus indicus*	P	P		LC		△
186	白鹡鸰	*Motacilla alba*	E	P		LC		△
187	黄头鹡鸰	*Motacilla citreola*	P	P		LC		☆
188	黄鹡鸰	*Motacilla flava*	P	P		LC		☆
189	灰鹡鸰	*Motacilla cinerea*	P	P		LC		☆
190	田鹨	*Anthus richardi*	E	S,P		LC		☆
191	布氏鹨	*Anthus godlewskii*	P	P		LC		☆
192	树鹨	*Anthus hodgsoni*	E	S,W,P		LC		☆
193	北鹨	*Anthus gustavi*	P	P		LC		☆
194	红喉鹨	*Anthus cervinus*	E	P		LC		☆
195	粉红胸鹨	*Anthus roseatus*	E	P		LC		☆
196	水鹨	*Anthus spinoletta*	E	P		LC		☆
197	黄腹鹨	*Anthus rubescens*	E	P		LC		☆
（三十四）	**鹎科**	**Pycnonotidae**						
198	白头鹎	*Pycnonotus sinensis*	O	R		LC		△
（三十五）	**伯劳科**	**Laniidae**						

序号	中文名	拉丁名	区系	居留型	CITES	IUCN	保护级别	数据来源
199	红尾伯劳	*Lanius cristatus*	E	P		LC		☆
200	棕背伯劳	*Lanius schach*	E	S		LC		☆
201	楔尾伯劳	*Lanius sphenocercus*	P	W，P		LC		△
（三十六）	**黄鹂科**	**Oriolidae**						
202	黑枕黄鹂	*Oriolus chinensis*	O	S，P		LC		☆
（三十七）	**卷尾科**	**Dicruridae**						
203	黑卷尾	*Dicrurus macrocercus*	O	S，P		LC		☆
（三十八）	**椋鸟科**	**Sturnidae**						
204	灰椋鸟	*Sturnus cineraceus*	P	S，W，P		LC		△
205	紫翅椋鸟	*Sturnus vulgaris*	P	W，P		LC		△
（三十九）	**鸦科**	**Corvidae**						
206	灰喜鹊	*Cyanopica cyanus*	P	R		LC		☆
207	喜鹊	*Pica pica*	E	R		LC		△
208	达乌里寒鸦	*Corvus dauuricus*	P	W		LC		△
209	秃鼻乌鸦	*Corvus frugilegus*	P	W，P		LC		△
210	小嘴乌鸦	*Corvus corone*	P	R，P		LC		☆
211	大嘴乌鸦	*Corvus macrorhynchos*	O	R		LC		☆
（四十）	**鸫科**	**Turdidae**						
212	红喉歌鸲	*Luscinia calliope*	P	P		LC		☆
213	蓝喉歌鸲	*Luscinia svecica*	P	P		LC		☆
214	蓝歌鸲	*Luscinia cyane*	P	P		LC		☆
215	红胁蓝尾鸲	*Tarsiger cyanurus*	E	P		LC		☆
216	北红尾鸲	*Phoenicurus auroreus*	P	S，P		LC		△
217	黑喉石䳭	*Saxicola torquata*	P	P		LC		△
218	白喉矶鸫	*Monticola gularis*	P	S，P		LC		☆
219	赤胸鸫	*Turdus chrysolaus*	E	P		LC		☆
220	红尾鸫	*Turdus naumanni*	E	W，P		LC		☆
221	斑鸫	*Turdus eunomus*	E	P		LC		☆
（四十一）	**鹟科**	**Muscicapidae**						
222	灰纹鹟	*Muscicapa griseisticta*	P	P		LC		☆
223	乌鹟	*Muscicapa sibirica*	P	P		LC		☆
224	北灰鹟	*Muscicapa dauurica*	P	P		LC		☆
225	白眉姬鹟	*Ficedula zanthopygia*	P	S，P		LC		☆
226	红喉姬鹟	*Ficedula albicilla*	E	P		LC		☆
227	白腹蓝姬鹟	*Cyanoptila cyanomelana*	O	P		LC		☆
（四十二）	**鸦雀科**	**Paradoxornithidae**						

续表

序号	中文名	拉丁名	区系	居留型	CITES	IUCN	保护级别	数据来源
228	棕头鸦雀	*Paradoxornis webbianus*	P	R		LC		△
229	震旦鸦雀	*Paradoxornis heudei*	E	R		NT		△
（四十三）	扇尾莺科	**Cisticolidae**						
230	棕扇尾莺	*Cisticola juncidis*	P	R		LC		☆
（四十四）	莺科	**Sylviidae**						
231	鳞头树莺	*Urosphena squameiceps*	P	S		LC		△
232	矛斑蝗莺	*Locustella lanceolata*	P	P		LC		☆
233	小蝗莺	*Locustella certhiola*	P	P		LC		☆
234	东方大苇莺	*Acrocephalus orientalis*	E	S,P		LC		☆
235	黑眉苇莺	*Acrocephalus bistrigiceps*	P	S		LC		☆
236	厚嘴苇莺	*Acrocephalus aedon*	E	P		LC		☆
237	褐柳莺	*Phylloscopus fuscatus*	E	S,P		LC		☆
238	巨嘴柳莺	*Phylloscopus schwarzi*	P	P		LC		☆
239	黄腰柳莺	*Phylloscopus proregulus*	P	P		LC		☆
240	黄眉柳莺	*Phylloscopus inornatus*	P	P		LC		☆
241	极北柳莺	*Phylloscopus borealis*	O	P		LC		☆
（四十五）	鹀科	**Emberizidae**						
242	黄胸鹀	*Emberiza aureola*	O	P		EN		☆
243	红颈苇鹀	*Emberiza yessoensis*	P	P		NT		☆
244	三道眉草鹀	*Emberiza cioides*	O	P		LC		△
245	灰头鹀	*Emberiza spodocephala*	O	P		LC		△
246	小鹀	*Emberiza pusilla*	O	P		LC		△
（四十六）	雀科	**Passeridae**						
247	树麻雀	*Passer montanus*	O	R		LC		△
（四十七）	燕雀科	**Fringillidae**						
248	燕雀	*Fringilla montifringilla*	O	P		LC		△
十八	火烈鸟目	**PHOENICOPTERIFORMES**						
（四十八）	火烈鸟科	**Phoenicopteridae**						
249	小红鹳	*Phoeniconaias minor*	E	P	II	NT		△

注

区系:E—东洋界,P—古北界,O—广布种。

留居型:R—留鸟,P—旅鸟,S—夏候鸟,W—冬候鸟。

IUCN(世界自然保护联盟):CR—极危,EN—濒危,VU—易危,NT—近危,LC—无危。

保护级别:I—国家 I 级重点保护动物,II—国家 II 级重点保护动物。

数据来源:△—野外调查记录,○—文献记录,□—访问调查,☆—历史数据。

附录IV 北大港湿地自然保护区兽类名录表

中文名	拉丁名	区系	CITES	IUCN	保护级别
哺乳纲	**MAMMALIA**				
一、啮齿目	**RODENTIA**				
（一）仓鼠科	**Cricetidae**				
1 黑线仓鼠	*Cricetulus barabensis*	P		LC	
2 大仓鼠	*Tscherskia triton*	P			
（二）鼠科	**Muridae**				
3 黑线姬鼠	*Apodemus agrarius*	P		VU	
4 小家鼠	*Mus musculus*	P		LC	
5 褐家鼠	*Rattus norvegicus*	P		LC	
二、兔形目	**LAGOMORPHA**				
（三）兔科	**Leporidae**				
6 草兔	*Lepus capensis*	P		LC	
三、猬形目	**ERINACEOMORPHA**				
（四）猬科	**Erinaceidae**				
7 东北刺猬	*Erinaceus amurensis*	P		LC	
四、翼手目	**CHIROPTERA**				
（五）蝙蝠科	**Vespertilionidae**				
8 东亚伏翼	*Pipistrellus abramus*	P		LC	
9 东方蝙蝠	*Vespertilio sinensis*	P		LC	
五、食肉目	**CARNIVORA**				
（六）鼬科	**Mustelidae**				
10 猪獾	*Arctonyx collaris*	O		NT	
11 黄鼬	*Mustela sibirica*	P	III	LC	
（七）鼹科	**Talpidae**				
12 麝鼹	*Scaptochirus moschata*	P			

附录 V　北大港湿地自然保护区两栖、爬行类动物名录表

中文名（学名）	区系	IUCN	数量
I 两栖纲 AMPHIBIA			
一、无尾目 ANURA			
（一）蟾蜍科 Bufonidae			
1 中华大蟾蜍指名亚种 *Bufo bufo*	E	LC	++
2 花背蟾蜍 *Bufo raddei*	P	LC	+++
（二）蛙科 Ranidae			
3 泽蛙 *Rana limnocharis*	P		+
4 黑斑蛙 *Pelophylax nigromaculatus*	P	NT	+
（三）姬蛙科 Microhylidae			
5 北方狭口蛙 *Kaloula borealis*	P	LC	++
II 爬行纲 REPTILIA			
一、龟鳖目 TESTUDOFORMES			
（一）鳖科 Trionychidae			
1 鳖 *Trionyx sinensis*	E	VU	+
二、蜥蜴目 LACERTIFORMES			
（二）壁虎科 Gekkonidae			
2 无蹼壁虎 *Gekko swinhonis*	P	VU	+++
（三）蜥蜴科 Lacertidae			
3 丽斑麻蜥 *Eremias argus*	P	NT	+
三、蛇目 SERPENTIFORMES			
（四）游蛇科 Colubridae			
4 黄脊游蛇 *Coluber spinalis*	P	LC	+
5 赤链蛇 *Dinodon rufozonatum*	E	LC	++
6 黑眉锦蛇 *Elaphe taeniura*	E	LC	+
7 红点锦蛇 *Elaphe rufodorsata*	E	LC	++
8 棕黑锦蛇 *Elaphe schrenckii*	P	LC	+

附录Ⅵ　北大港自然保护区鱼类资源调查名录

序号	目	科	种
1	鲤形目 Cyprinlformes	鲤科 Cyprinidae	鲤 *Cyprinus carpio*
2		鲢亚科 Hypophthalmichthyinae	鲢 *Chub*
3			鳙 *Aristichthysnobilis*
4		鲤亚科 Cyprininae	鲫 *Carassius auraues*
5		雅罗鱼亚科 Leuciscinae	草鱼 *Ctenopharyngodon idellus*
6		鳊舶亚科 Abramidinae	餐条 *Hemiculter leucisculus*
7			鲌鱼 *Erythropterus*
8		鮈亚科 gobioninae	麦穗鱼 *Pseudorasbora parva*
9		鳙亚科 Acheilognathinae	中华鳑鲏 *Rhodeus sinensis Gunther*
10		鳅科 Cobitidac	泥鳅 *Misgurnus anguillicaudatus*
11	鲶形目 Siluriformes	鲶科 Siluridae	鲶鱼 *catfish*
12	鲈形目 Perciformes	鮨科 Serranidae	鲈鱼 *Lateolabrax japonicus*
13		鳢科 Channidae	乌鳢 *Channa argus*
14		虾虎鱼科 Gobiidae	弹涂鱼 *Periophthalmus modestus Cantor*
15		愚鲈科 Moronidae	花鲈 *Lateolabrax japonicas*（*Cuiver et Valencienns*）
16		玉筋鱼科 Ammodytidae	玉筋鱼 *Ammodytes personatus Girard*
17	鲻形目 Mugiliformes	鲜科 Mugilinae	梭鱼 *Liza haetochemila*
18	鲉形目 Scorpaeniformes	鲬科 Platycephalidae	鲬鱼 *Platcephalus indicus*（*Linnaeus*）
19	鲽形目 Pleuronectiformes	鲆科 Bothidae	大菱鲆 *Scophthalmus maximus*（*Linnaeus*）

附录Ⅶ　北大港湿地自然保护区浮游动物名录

表 1　春季浮游动物名录与分布

生物种类	1 #	2 #	3 #	4 #	5 #	6 #	7 #	8 #	9 #	10 #	11 #	12 #	13 #	14 #	15 #	16 #	17 #	18 #	19 #	20 #
枝角类 Cladocera																				
大型溞 *Daphnia magna Straus*	++		+	++				+				+			+			+		+
蚤状溞 *Daphnia pulex Leydig emend, Scourfield*				++						+	+		+						+	
长刺溞 *Daphnia longispina*		+									+									
象鼻溞 *Bosminidae*				+																
裸腹溞 *Moinidae*	+	+							++	++	+		+					+		
桡足类 Copepoda																				
拟哲水蚤 *Paracalanus*	++				+		++													
华哲水蚤 *Sinocalanus*	++	++	++	++		+	+	+++	+	++	+++	+	+	++	++		+	+	+	+++
剑水蚤 *Cyclopoida*	+++	+++	++	++	+		++	++	+++	+++	+++	+		+	+	++	+	++	+	++
桡足幼体 *Copepodid*	+++	++	+			++							+	++	+	++	+++	++	+++	+++
无节幼体 *Nauplii*	+	+	+				+		++	+	++	+		+	++	+		+		+
猛水蚤 *Harpacti-coida*		+	++	+			+				++									
轮虫 Rotifera																				
晶囊轮虫 *Asplanchni-dae*		++		+							+	+		+					+	

生物种类	1#	2#	3#	4#	5#	6#	7#	8#	9#	10#	11#	12#	13#	14#	15#	16#	17#	18#	19#	20#
壶状臂尾轮虫 *Brachionus urceus* （*Linnaeus*）	+	+++	++					+	+	+			+		+		+	+	++	+
褶皱臂尾轮虫 *Brachionus plicatilis O.F.Mueller*	+	++	++		+				+		+		+	+				+		
萼花臂尾轮虫 *Brachiongus calyciflorus Pallas*	++	+					+					+			++	+	+	+		+
剪形臂尾轮虫 *Brachiongus forficula Wierzejski*		+	+				+		+										+	
水轮虫 *Epiphanes*											+				+					
疣毛轮虫 *Synchaetidae*											+						+	+		+
须足轮虫 *Euchlanis*													+		+					
长三肢轮虫 *Filinia longiseta Ehrenberg*		+	+		+						+			+						
原生动物 Protozoa																				
拟铃壳虫 *Tintinnopsis sp.*		+	+			+	+					+	+			+	++	++	++	+
麻铃虫 *Leprotinntinnus*		+																		
游仆虫 *Euplotidae*		+											+	+						
变形虫 *Amoebida*	+	+			+			++		++										+

续表

生物种类	1 #	2 #	3 #	4 #	5 #	6 #	7 #	8 #	9 #	10 #	11 #	12 #	13 #	14 #	15 #	16 #	17 #	18 #	19 #	20 #
简壳虫 *Tintinnidium*			++			+					+		+		++		+++			++

注：+ 表示有分布；++ 表示分布较多；+++ 表示分布丰富。

表 2　秋季浮游动物名录及分布

生物种类	1 #	2 #	3 #	4 #	5 #	6 #	7 #	8 #	9 #	10 #	11 #	12 #	13 #	14 #	15 #	16 #	17 #	18 #	19 #	20 #
枝角类 Cladocera																				
秀体溞 *Diaphanosoma*	++	+					+											+	+	
裸腹溞 *Moinidae*					+	+				+				+	+					
大眼溞 *Polyphemidae*							+	+												
桡足类 Copepoda																				
剑水蚤 *CYclopoida*	++	+++	+++	+++	+	+	+	++	+	+	+	+		+	++	++	++	++	++	+
华哲水蚤 *Sinocalanus*	+	+	+	+++		+	+	++	+	++	++	+	+	+++		+	+++	++	++	++
桡足幼体 *Copepodid*	++	++	++	+	+	+	+	+			+	+	+	++	+					
无节幼体 *Nauplii*	+	++	+	+++	+	+	+	+		+	++	+		+	+	+	+	+		+
轮虫 Rotifera																				
曲腿龟甲轮虫 *Keratella valga* Ehrenberg	+++	+++	+++							++										
缘板龟甲轮虫 *K.cochlearis*	++	++	+++																	
褶皱臂尾轮虫 *Brachionus plicatilis* O.F.Mueller	+++	+++	++	+	+				+			+		+	+		+	+++		

续表

生物种类	1 #	2 #	3 #	4 #	5 #	6 #	7 #	8 #	9 #	10 #	11 #	12 #	13 #	14 #	15 #	16 #	17 #	18 #	19 #	20 #
角突臂尾轮虫 Brachionus angularis Gosse	+++	+++	+++																	
圆形臂尾轮虫 B.rotundiform-is	++	++	+++	++	+	+	+				+				+					
萼花臂尾轮虫 Brachiongus calyciflorus Pallas				+	+									+			+	++		
剪形臂尾轮虫 Brachiongus forficula Wierzejski	+		+				+	+								+			+	+
晶囊轮虫 Asplanchnidae				++	++		+				+	+		+	+		+			
水轮虫 Epiphanes					+	+														
巨腕轮虫 Hexarthra										+				+	+					
原生动物 Protozoa																				
变形虫 Amoebida	++			+	+											++				
太阳虫 Actinophrys		+		+			+									++	+++			+
游仆虫 Euplotidae	+		++	++			+	+			+	+	+		+					
侠盗虫 Strobilidiidae				+	+															
拟铃壳虫 Tintinnopsis sp.					+	+		++		+++		+++	+	++	+			++	+++	+++
网纹虫 Favella															+	++				
筒壳虫 Tintinnidium				+	+	+												+++		

注:+ 表示有分布;++ 表示分布较多;+++ 表示分布丰富。

附录Ⅷ　北大港湿地自然保护区底栖动物名录

表1　春季北大港湿地调查底栖动物名录及分布

	1 #	2 #	3 #	4 #	5 #	6 #	7 #	8 #	9 #	10 #	11 #	12 #	13 #	14 #	15 #	16 #	17 #	18 #	19 #	20 #
软体动物 Mollusca																				
圆田螺 *C.cathayenss*		+	+																	
沼螺 *P.striatulus*		+	+												+	+				
青蛤 *C.sinensis*	+		+		+	+	+	+		+		+	+	+	+	+	+	+	+	+
缢蛏 *S.constricta*					+						+									
尖口圆扁螺 *H.cantori*						+														
椭圆萝卜螺 *R.swinhoei*							+									+				
微黄镰玉螺 *Polinices fortunei*								+												
管角螺 *H.tuba*															+					
钉螺 *O.hupensis*															+					
玛瑙螺 *Achatina fulica*															+					
方斑玉螺 *N.onca*																+				
文蛤 *M.meretrix*			+				+	+	+	+	+				+	+				
贻贝 *M.edulis*											+									
牡蛎 *Ostrea*					+	+		+	+		+		+	+	+					
福寿螺 *Golden Apple snail*					+															

续表

	1#	2#	3#	4#	5#	6#	7#	8#	9#	10#	11#	12#	13#	14#	15#	16#	17#	18#	19#	20#
毛蚶 *Scapharca subcrenata*															+					
海湾扇贝 *C.nobilis*																				+
笋椎螺 *T.terebrac*																				
藤壶 *Balanus*																				
环节动物 Annelida																				
霍普水丝蚓 *L.hof fmeisteri*	+	+		++	+		+		+		+	+			+					
日本刺沙蚕 *N.japonica*		+		+	+			+				+			+	+	+	+	+	
甲壳动物 Crustacea																				
南美白对虾 *Penaeus vannamei*												+	+						+	+
中华近方蟹 *Sinensis Rathbun*												+	+						+	
水生昆虫 *Insecta*																				
摇蚊幼虫 *Chironomid*	++	+		+	+		+		++		+	+								

注:+表示有分布;++表示分布较多;+++表示分布丰富。

表2 秋季北大港湿地调查底栖动物名录及分布

	1#	2#	3#	4#	5#	6#	7#	8#	9#	10#	11#	12#	13#	14#	15#	16#	17#	18#	19#	20#
软体动物 Mollusca																				
圆田螺 *C.cathayenss*	+	+	++											+						
沼螺 *P.striatulus*		+	++												+	+				

	1#	2#	3#	4#	5#	6#	7#	8#	9#	10#	11#	12#	13#	14#	15#	16#	17#	18#	19#	20#
青蛤 *C.sinensis*	+		++		+	+	+	+		+		+	+	++	+	++	+	+	+	+
缢蛏 *S.constricta*					+						+	+								
尖口圆扁螺 *H.cantori*	+				+					+										
椭圆萝卜螺 *R.swinhoei*							+										+	+		
微黄镰玉螺 *Polinices fortunei*								+												
管角螺 *H.tuba*														+	+					+
钉螺 *O.hupensis*															+					
玛瑙螺															+					
方斑玉螺 *N.onca*																++				
文蛤 *M.meretrix*			+				+	+	+	+	+		+	+	++					
贻贝 *M.edulis*											+									
牡蛎 *Ostrea*					++	+		+	+		+		+	+	++					
福寿螺 *Golden Applesnail*						+														
毛蚶 *Scapharca subcrenata*														++						
海湾扇贝 *C.nobilis*			+								+									+
笋椎螺 *T.terebrac*							+					+						+		
藤壶 *Balanus*							+		+											
环节动物 Annelida																				

续表

	1#	2#	3#	4#	5#	6#	7#	8#	9#	10#	11#	12#	13#	14#	15#	16#	17#	18#	19#	20#
霍普水丝蚓 *L.hof fmeisteri*	+	++		++			+		+		+	+								
日本刺沙蚕 *N.japonica*		++		++				++								+		++	++	++
甲壳动物 *Crustacea*																				
南美白对虾 *Penaeus*												++	+						+	+++
中华近方蟹 *Sinensis Rathbun*												+	++						+	
水生昆虫 Insecta																				
摇蚊幼虫 *Chironomid*	+			+	+		+				+	+								

注：+ 表示有分布；++ 表示分布较多；+++ 表示分布丰富。

附图 I　北大港湿地自然保护区维管植物调查统计相关图件

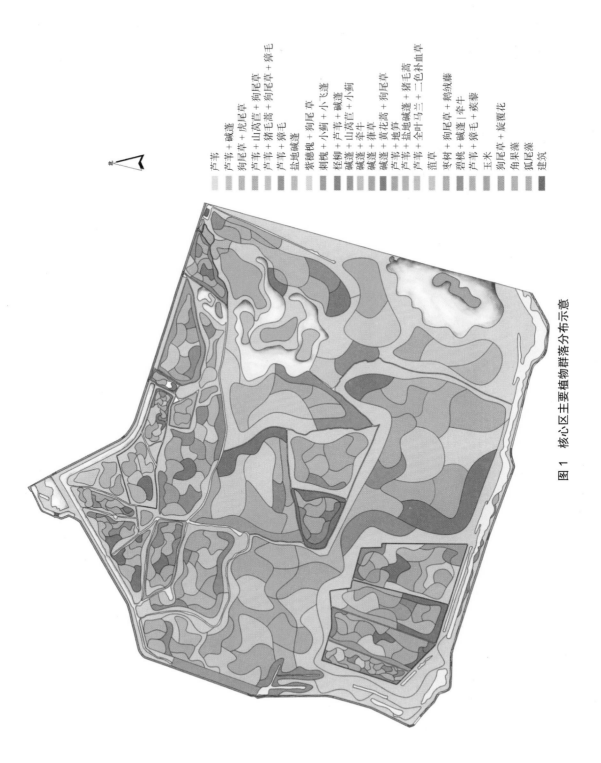

北

芦苇
芦苇 + 碱蓬
狗尾草 + 虎尾草
芦苇 + 山莴苣 + 狗尾草
芦苇 + 猪毛蒿 + 狗尾草 + 獐毛
芦苇 + 獐毛
盐地碱蓬
紫穗槐 + 狗尾草
刺槐 + 小蓟 + 小飞蓬
柽柳 + 芦苇 + 山莴苣 + 小蓟
碱蓬 + 獐牛
碱蓬 + 菂牛
碱蓬 + 黄花 + 獐牛
芦苇 + 地笋
芦苇 + 盐地碱蓬 + 猪毛蒿
芦苇 + 全叶马兰 + 二色补血草
菹草
楝树 + 狗尾草 + 鹅绒藤
碧桃 + 碱蓬 + 牵牛
芦苇 + 獐毛 + 麦蒿
玉米
狗尾草 + 旋覆花
角果藻
弧尾藻
建筑

图 1　核心区主要植物群落分布示意

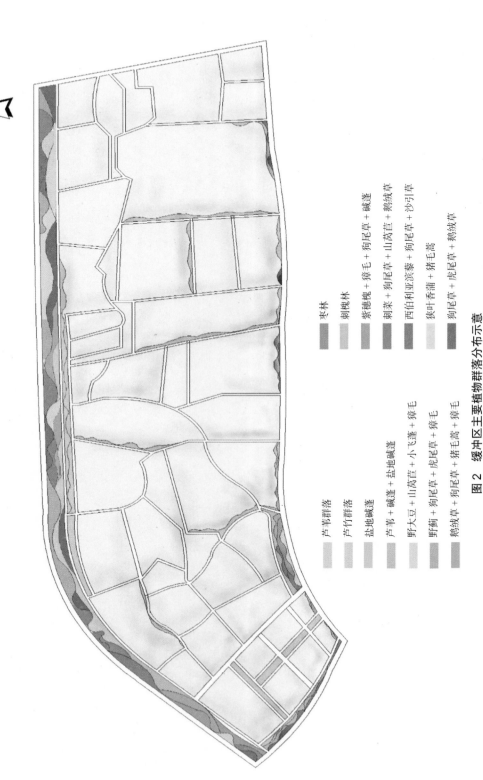

图 2　缓冲区主要植物群落分布示意

芦苇群落

芦竹群落

盐地碱蓬

芦苇＋碱蓬＋盐地碱蓬

野大豆＋山莴苣＋小飞蓬＋猪毛

野蓟＋狗尾草＋虎尾草＋猪毛

鹅绒草＋狗尾草＋猪毛蒿＋猪毛

枣林

刺槐林

紫穗槐＋猪毛＋狗尾草＋碱蓬

刺菜＋狗尾草＋山莴苣＋鹅绒草

西伯利亚滨藜＋狗尾草＋沙引草

狭叶香蒲＋狗尾草＋猪毛蒿

狗尾草＋虎尾草＋鹅绒草

北

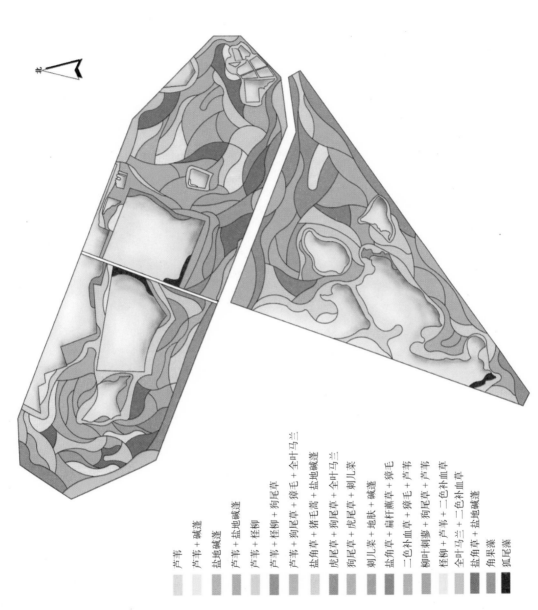

北

芦苇
芦苇+碱蓬
盐地碱蓬
芦苇+盐地碱蓬
芦苇+柽柳
芦苇+柽柳+狗尾草
芦苇+狗尾草+獐毛+全叶马兰
盐角草+猪毛蒿+盐地碱蓬
虎尾草+狗尾草+全叶马兰
狗尾草+虎尾草+碱蓬
刺儿菜+地肤+碱蓬
盐角草+扁秆藨草+獐毛
二色补血草+獐毛+芦苇
柳叶刺蓼+狗尾草+芦苇
柽柳+芦苇+二色补血草
全叶马兰+二色补血草
盐角草+盐地碱蓬
角果藻
狐尾藻

图 3　独流减河与北大港水库实验区主要植物群落分布示意

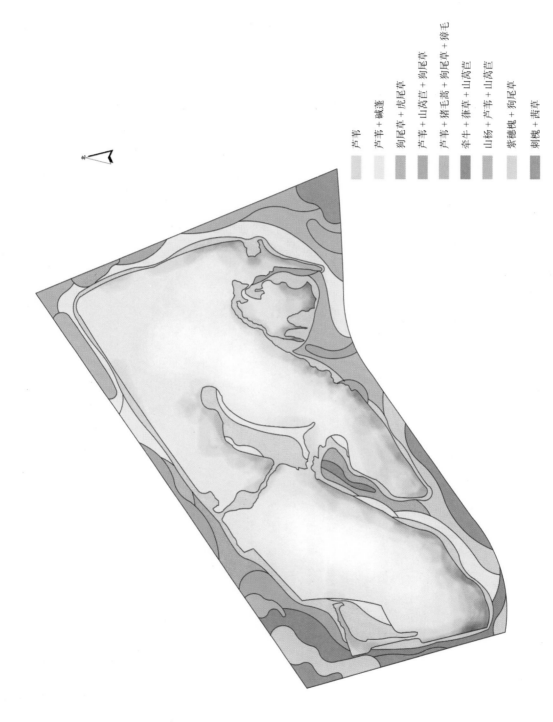

芦苇
芦苇 + 碱蓬
狗尾草 + 虎尾草
芦苇 + 山莴苣 + 狗尾草
芦苇 + 猪毛蒿 + 狗尾草 + 葎毛
牵牛 + 葎草 + 山莴苣
山杨 + 芦苇 + 山莴苣
紫穗槐 + 狗尾草
刺槐 + 苘草

图 4 沙井子水库主要植物群落分布示意

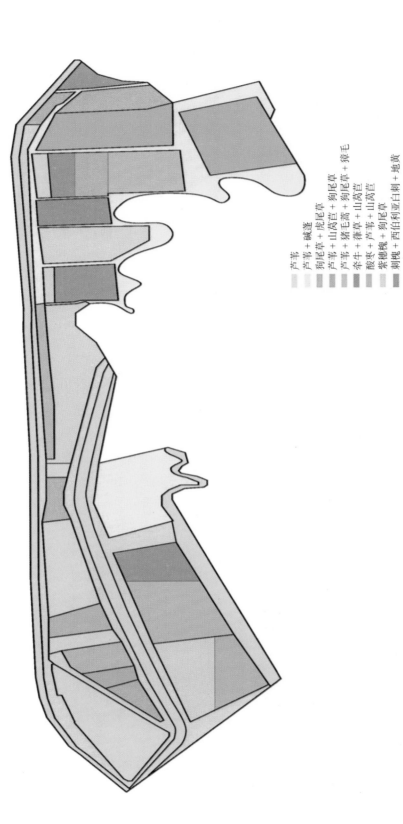

芦苇
芦苇 + 碱蓬
狗尾草 + 虎尾草
狗尾草 + 山莴苣 + 狗尾草
芦苇 + 猪毛高 + 狗尾草 + 猝毛
芦苇 + 牻牛 + 葎草 + 山莴苣
牻牛 + 芦苇 + 山莴苣
酸枣 + 芦苇 + 狗尾草
紫穗槐 + 狗尾草
刺槐 + 西伯利亚白刺 + 地黄

图 5　捷地减河主要植物群落分布示意

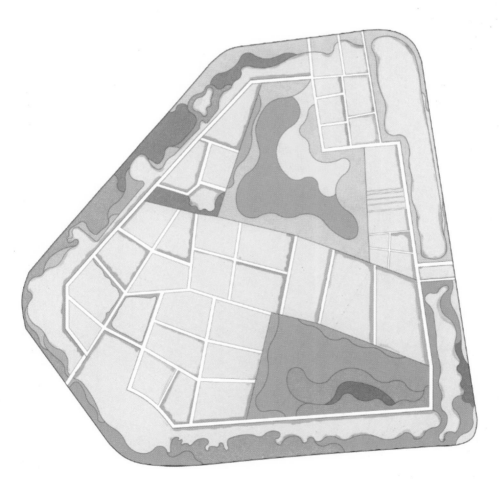

芦苇

芦苇 + 䅟毛

芦竹 + 菵草 + 律草 + 牵牛

刺槐 + 芦苇 + 狗尾草

榆树 + 菵草 + 牵牛

刺槐 + 狗尾草 + 菵草 + 律草

枣树 + 狗尾草

西伯利亚白刺 + 二色补血草

碱蓬 + 狗尾草

图 6　钱圈水库主要植物群落分布示意

背扁膨果豆

齿裂大戟

小花山桃草

图7 天津新发现植物种照片(组图)

附图 II 北大港湿地自然保护区部分鸟类照片

戴胜

鹤鹬

黑腹滨鹬

红脚鹬

环颈雉

尖尾滨鹬

青脚鹬

中杓鹬

黑翅长脚鹬

滨鹬

小白鹭

小鹀

弯嘴滨鹬

反嘴鹬

红脚隼

凤头䴙䴘